景観アイテム図鑑
ヨーロッパ編

高橋 揚一

井上書院

景観アイテム図鑑
ヨーロッパ編

もくじ

1章　生活装置

1 看板 …… 6
2 広告 …… 7
3 アドレス表示 …… 8
4 名所表示 …… 9
5 照明 …… 10
6 広場 …… 11
7 公園、緑地 …… 12
8 ベンチ …… 13
9 ポスト …… 14
10 電話 …… 15
11 トイレ …… 16
12 ごみ …… 17
13 洗濯 …… 18
14 手動 …… 19
15 エスカレーター、エレベーター …… 20
16 商店 …… 21
17 デパート …… 22
18 露店 …… 23
19 朝市、ノミの市 …… 24
20 売店、自動販売機 …… 25
21 ファーストフード …… 26
22 パブ、バー、カフェ …… 27
23 レストラン …… 28

2章 街路と交通

24 大通り……30
25 街路樹……31
26 路面……32
27 歩道……33
28 坂……34
29 階段……35
30 路地……36
31 トンネル……37
32 地下街……38
33 橋……39
34 運河……40
35 交通標識、信号……41
36 バス……42
37 路面電車……43
38 地下鉄、私鉄、国電……44
39 ケーブルカー……45
40 停留所……46
41 駅……47
42 馬車、観光列車……48
43 船……49
44 港……50

3章 信仰・文化・風俗

45 モニュメント……52
46 時計……53
47 井戸、泉……54
48 物語……55
49 マリア、キリスト……56
50 巡礼地……57
51 参道……58
52 墓地……59
53 教会……60
54 祭り……61
55 泥棒……62
56 警官……63
57 衛兵……64
58 パフォーマンス……65
59 音……66
60 におい……67
61 工事中……68
62 日本……69
63 ホテル……70
64 劇場……71
65 アミューズメント……72

4章 自然と地勢

66 海岸線……74
67 川……75
68 丘……76
69 農牧地……77
70 湖……78
71 滝……79
72 島……80
73 山岳、岩……81
74 雪、氷河……82
75 国境……83
76 小国……84

5章 建築物

77 窓……86
78 屋根……87
79 アーケード……88
80 アーチ……89
81 ファサード……90
82 だまし絵……91
83 木造建築……92
84 石造建築……93
85 レンガ造建築……94
86 遺跡、古典建築……95
87 ドーム……96
88 塔……97
89 宮殿……98
90 庭園……99
91 噴水……100
92 城、要塞……101
93 風車、水車……102
94 煙突、換気口……103
95 寄生建築……104
96 奇想建築……105
97 洞窟……106
98 異文化……107
99 一九世紀末……108
100 ポストモダン……109

掲載都市名・地域名・地勢名索引

ア行……110
カ行……111
サ行……112
タ行……113
ナ行……114
ハ行……114
マ行……116
ヤ行……116
ラ行……117
ワ行……117

地図

1 フランス／ベネルクス／モナコ……118
2 イギリス／アイルランド……119
3 イタリア／バチカン／サン・マリノ……120
4 スペイン／ポルトガル／アンドラ……121
5 ドイツ……122
6 スイス／リヒテンシュタイン……123
7 オーストリア……123
8 ギリシア／東欧……124
9 北欧……125

あとがき……126

1章 生活装置

パリの朝は、カフェでクロワッサンとカフェ・オ・レ。

1

看板

街並みに溶け込む控えめな看板だからこそ人々の心が和み、それだけ印象度も高い。

イギリス西部、レイコック村にある宿屋の看板。

スコットランドのエディンバラで見かけた食料品店の地味で派手な看板。

金属職人が精魂込めたローテンブルクの看板。

ホイリゲが解禁されるとグリンツィンクの居酒屋に松の枝が吊される。

ヨーロッパの景観は、企業や店舗によって保護されている。人目を引いて宣伝効果を導きたい看板とはいえ、街並みの秩序を乱して突出することはない。景観は共有財産となっている。

だからといって、看板が埋もれて目立たないわけではない。ただ、派手な看板を競い合って掲げたあげく、街並みを煩雑にして隣同士で互いの印象度を相殺してしまう愚かさはない。

石造建築の街並みには、同系色のプレートや文字が使われている。窓枠にも同じ色を使用するなど、景観に溶け込みながら注目を集める効果がある。

ドイツのローテンブルクのように、金属細工の看板のみを掲げ、中世の街並みを保存する旧市街も多い。昔ながらの職人芸によって店種が表現され、歩行者の目を楽しませてもくれる。

一方、ウィーン郊外のグリンツィンクでは、束ねた松の枝を看板に使っている。松の枝は、今年収穫したブドウを醸造したホイリゲという新しいワインを提供する居酒屋を示している。

2
広告

広告塔や掲示板には手描きのイラストレーションを使ったポスターが貼られる。

ロンドン地下鉄駅のホームに並ぶ質素な広告。

地下街にはポップな広告も置かれる。パリにて。

ミラノの市電の車体に貼られた小さな広告。

大胆なイラストレーションを掲示した広告はパリの景観を引き締める。

看板と同じく、ポスターや貼紙などの広告も景観を占拠することはない。広告の掲示には厳しい規制がある。ポスターには、昔ながらの手描きのイラストレーションを使った作品が多い。

フランスやドイツの都市では、一〇〇メートル程度の間隔で街路に円柱の広告塔が立ち、ポスターが整然と貼られている。個々の表現は概して大胆だが、街並みの秩序は遵守している。

広告が比較的多いイギリスにも専用の掲示板があり、通常は建物と同系色で地味にまとまっている。ロンドンの中心ピカデリー・サーカスはヨーロッパでは例外だろう。大きな広告がビルの壁面に掲げられ、夜は照明で派手に輝く。大半は日本企業の広告だ。

ロンドンの地下鉄では、ホームに大きなポスターが並ぶ。連続する同サイズのポスターが、電車を待つ間の視線をほどよく引きつける。また、ホームへ降りるエレベーター内や車内には小さなポスターが掲げられる。他の都市では、市電の車体広告が目に付く。

3

アドレス表示

地味なアドレス表示も、綴りを読んでみると、意外な物語を想起することもある。

広告や看板に節度を保っているヨーロッパの都市では、地味な公共情報も人目に付く。アドレス表示も、簡素ながら街並みの中ではっきりと機能を果たしている。しかも、通常は通り名と住所とが同一なので、表示は一種類で足りる。通り名を確認して番地をたどれば、目的地に簡単にたどり着く。

一見すると無味乾燥な紺色のプレートを使った表示が多い。しかし、綴りを追っていくと歴史上の事件や人名などにちなんだ通り名を発見することもあり、物語を想起させてくれる。ギリシアの島々では、独特の文字を表記したプレートが白壁に映えている。

イギリスでは、白いプレートに茶色い文字が記され、レンガ造の家並みにマッチしてかわいらしい。田舎町では、手書きの粗野な表示も見かける。

スペインのマドリードでは、名所として知られる通りや広場の表示が、街並みの表情を明るく引き立てる。イラスト入りのアドレス表記は、名産のタラベラ焼きのタイルに施されている。

マドリードの中心プエルタ・デル・ソルにあるタイルのアドレス表示。

ペニー・レーンはリバプールに。

アビー・ロードはロンドンに実在。

ウィーンの森にあるエロイカ通り。

白い家並みにギリシア文字の表示。

4

名所表示

気付かれざる文化史跡に掲げられた表示に、その価値が初めて知られる地味な名所。

ウィリアム・モリスの住んだレッド・ハウス。

ハイリゲンシュタットのベートーベンの家。

カステル・ベランジェ入口左上に設計者エクトル・ギマールのサイン。

観光地の名所に、ほとんどその表示はない。観光客はガイドブックを持っているので、大方は表示がなくてもわかってしまう。しかし、意外と地味な名所も多く、見どころを前にしながらその存在に気付かないこともある。

名所の表示は、観光情報としてよりも、文化遺産に対する評価の証しや、建築物の場合には設計者のサイン代わりとして記されている。表札としてのみ機能していることもあり、観光名所を知る手段としては有効ではない。

イギリスでは、文化史跡に比較的大きな円形のプレートを掲げている。必ずしも観光名所ではないので、プレートを見てその価値を知る場合もある。

パリの地下鉄駅入口ゲートを設計したエクトル・ギマールは、パリ一六区にアール・ヌーボーの建物を多く残した。壁面には彼の名前が刻まれている。

オーストリアでは国旗と同じ赤と白の布を使った表示が掲げられ、遠くからでも目立つ。金属細工の看板とともに石造りの街並みを引き立てている。

5

照明

建物は華麗にライトアップされ、店のウインドーは明るく、歓楽街の照明は質素。

ブルージュのチョコレート店のネオンサイン。

100万ドルの夜景と称えられるモナコ、モンテカルロの夜間照明。

ガウディの弟子が設計したバルセロナの街灯。

フラメンコのタブラオ入口を飾る照明。グラナダ、サクロモンテ。

街は、夜の帳とともに味わいを増す。主要建築物はライトアップされ、思わず息を飲むほど華麗な表情を見せる。早々と終業する店舗も、散策する人々に応えてショーウインドーの照明は落とさない。ウインドーショッピングは、最も気軽なレジャーとなっている。

歓楽街でさえ、ラスベガスや日本のパチンコ店のような派手な色合いや過激に点滅が移動するネオンサインは少なく、過度な装飾を施す気質はない。一〇〇万ドルの夜景と謳われたモナコの照明も、個々は質素で、小さな電球を使った地味な明かりが並ぶ。

照明器具には金属製のランプが多く、金属細工の看板とともに旧市街の景観に調和する。一九世紀末のパリに建設されたアール・ヌーボー様式の地下鉄駅入口ゲートは、街灯にもなっていて、夜はロマンチックな明かりを灯す。スペイン、バルセロナのグラシア通り周辺には、アントニ・ガウディの弟子が設計したベンチと一体の街灯が置かれ、街角に趣を添えている。

6

広場

政治の舞台となり、市も立つ広場は、地域の人々が集まるコミュニケーションの場。

パリのコンコルド広場はフランス革命の舞台。

イタリア、シエナの広場は、ゆるやかな斜面が空間の雰囲気を和らげる。

カフェや店が並ぶマドリードのマヨール広場。

似顔絵画家の活躍するローマのナボナ広場。

ローマ市庁舎前のカンピドリオ広場はミケランジェロによる緻密な設計。

ヨーロッパの広場は、生活に欠かせない重要な場である。電話もテレビもインターネットもない時代には、人々が直接コミュニケーションを交わす地域社会の中心だった。現在でも地元の生活者や旅行者を大勢集めている。

イタリアには、かつて全住民によって総会が開かれた直接政治の場が多くの都市にある。ベネチアのサン・マルコ広場は、ピアッツァと呼ばれる島唯一の大広場。小地域ごとにはカンポという小さな広場があり、井戸端を中心に住民のおしゃべりが続く。

ベルギー、ドイツ、北欧では、市場を意味するマルクト広場が市街の中心にある。広場に面して市庁舎や銀行などが並び、人影が絶えない。都市によっては朝市や花市なども開かれる。

住民を集める広場は、中世の頃には魔女や異端者を処刑する恐怖の場で、近世以降は市民革命の場としても歴史に登場する。現在はロータリーとなっているパリのコンコルド広場は、フランス革命の際に断頭台が置かれた。

7

公園、緑地

素朴な造りの広大な公園は、都市の喧噪を逃れて人々の心を和らげる憩いの場。

緑が多いロンドン。左はハイド・パーク、上はリージェンツ・パーク。

森の中に広がるオスロ郊外のフログネル公園。

ロンドンのテムズ河岸に沿った緑濃い散歩道。

バルセロナのグエル公園はアントニオ・ガウディが構想した空中庭園。

パリのリュクサンブール公園と前に建つ宮殿。

ヨーロッパの都市には必ず大きな公園がある。多くは、日本の公園よりも広く、芝生や池による素朴な景観が心を和ませる。中小都市では、街全体が公園ともいえるほど、緑が多い。

　ロンドンのハイド・パークやリージェンツ・パークは、それぞれが皇居よりも広い。森の中には乗馬による散策路や、誰もが自由に演説できるスピーカーズ・コーナーも用意されている。

　パリにも、ルーブル美術館からシャンゼリゼ方面に伸びるチュイルリー公園、エッフェル塔のそびえるシャン・ド・マルス公園、リュクサンブール宮殿前の公園など、緑地は随所にある。

　ローマでは、ピンチョの丘や美術館が建つボルゲーゼ公園、遺跡の並ぶフォロ・ロマーノを囲むチルコ・マッシモやチェリモンターナ公園など、松の茂る落ち着いた景観に特徴がある。

　オスロのフログネル公園は、森の一部を造成し、ノルウェーが誇る彫刻家ビーゲランの作品を大自然の中に配して壮大な眺めを構成している。

8

ベンチ

休息と語らいの場となっているベンチには、昔ながらの木組みの長椅子が多い。

パリ、フォーラム・デ・アール脇の公園にて。

ローマのスペイン広場には昼夜を問わず人が集まり、階段にたむろする。

ウィーンの街路に設置された円形のベンチ。

ガウディの強烈な感性が込められているグエル公園の広場を囲うベンチ。

街角や公園に置かれるベンチは、休息と語らいの場となっている。酔っぱらいやホームレスが寝ていることもある。多くは自由に使えるが、ロンドン、ハイド・パークに並ぶ一人がけの安楽チェアのように有料の場合もある。料金は巡回する職員に支払う。

ベンチは、金属のフレームや板を使った昔ながらの木組みの長椅子が多く、プラスチック製はあまり見かけない。パリのシャン・ド・マルス公園には、学校にあるような一人用の椅子が無造作に散在し、エッフェル塔を背景に優雅なくつろぎを与えてくれる。

イタリアでは、ベンチのないところでも、人々は気軽に座り込む。大聖堂前の階段などは、冬は日なたぼっこ、夏は日差しを避ける格好の場だ。ローマのスペイン広場のように、昼夜を問わずベンチ代わりとなる階段も多い。

駅のホームにあるベンチも味わい深い。モナコや南フランスの駅には、駅名表示板とポスター掲示板とが一体になったベンチが設置されている。

9

ポスト

古めかしい地味なポストが置かれても、節度ある広告や看板に埋もれることはない。

郵便ポストや電話ボックスなど、街路に置かれた公共物が、ヨーロッパではよく目立つ。広告や看板の掲示に節度があるため、地味な公共物でも埋もれた存在になるようなことはない。

ポストの形は、大方が古めかしい。ベルギーの街角には、消火栓のような鋳鉄製のポストが立っている。イギリスやポルトガルでも、日本のポストの原形のような赤いポストを長年使っている。日本では最近めっきり影を潜めてしまったが、本家では健在だ。

ところで、赤いポストは世界共通ではない。フランス、スペイン、スイス、ドイツのように黄色いポストを置く国のほうが多い。郵便のマークも国ごとに異なるが、かつて郵便職員が吹いていたホルンをあしらった図柄が多い。

アイルランドのポストは、イギリス統治時代のものが多いが、色はイギリスの補色の緑に塗られている。サン・マリノもイタリアと同じポストで、色だけが違う。モナコにはフランスとはまったく別なポストが置かれている。

ダブリンではポストもバスも緑色。

日本が模したイギリスのポスト。

ベルギーの古風なポストと電話。

オランダのポストもユニークな形。

フランスでは黄色で小さいポスト。

切手の国モナコには専用のポスト。

イタリアと同じバチカンのポスト。

ハンガリーには風雅なポストが。

10
電話

目に付く配色のボックスから景観に溶け込む透明のボックスまで国によりさまざま。

切手の販売機を兼ねたポストと同じ色を内外に施したドイツの電話ボックス。

イギリスでは赤い電話ボックス。

ポルトガルは古典的なスタイル。

スペインでは三角屋根。

オランダは6台1組で6Pチーズのような形。

電話ボックスも、利用者にはすぐ目に付く。イギリスは、赤いグリッドで構成されたスタイルで、日本でも時おり模倣されている。ロンドンでは、電話ボックスとポストのほかに、市内を走る二階建のバスも赤い色に塗られ、公共物がいちばん目立つ。

ドイツでも、電話ボックスとポストが同一色に塗られ、内壁や電話帳にも外装と同じ黄色を使う徹底ぶりだ。しかし、背景の街並みから浮き出ていながらも目立ちすぎることはない。

ガラスを全面に使ったボックスも多くの国で出現している。フランスでは、以前からグレーの金属フレームと透明なガラスを用いた電話ボックスが設置され、街並みに溶け込んでいる。

電話器は、概して親しみにくい。ダイヤル時代には、番号の位置が日本とは異なる国もあった。現在は、カード式のプッシュフォンが多い。イタリアのカードは、購入したら角を折って初期化する。使用後はボタンを押さないとカードが戻ってこない。

11

トイレ

気軽に使える無料のトイレは街角に少なく、有料トイレやカフェやバーで借りる。

誰でも自由に使えるトイレは街に少ない。デパートや商店にゲスト用のトイレはない。鉄道駅には設置されているが、消毒臭が強く、大方は敬遠したくなる。イタリアやスペインの駅では、男性用トイレに便座が付いていない。

駅や観光施設内には有料トイレが用意されていることもある。入口の管理人に料金を支払う場合や、ドアにコインを投入して鍵を開く場合がある。フランスの街角には『エスカルゴ』と俗称されるボックス式の有料トイレがある。コインを入れてドアを開き、騒音に近い音楽が流れる中で用を足す。

カフェやバーのトイレは、利用しやすい。通常の三倍ほどもある太巻きのトイレット・ペーパーが置かれていることもある。フランスやスペインには、和式に似たアラブ式の便器も多い。

北欧では、男性用トイレに特徴がある。日本ではひと昔前に姿を消したブリキ製の簡易型便器が最も普及している。足の長い人が多いのか、男性用便器の位置が高く、日本人は苦労する。

北欧では、雨樋を代用したような粗野な造りの男性用便器が使われている。

フランスの街路に設置されている『エスカルゴ』と呼ばれる有料のトイレ。

最もポピュラーなトイレのマーク。

アッシジの清潔なトイレの壁面。

12

ごみ

街角のごみ箱を利用するモラルと、犬の生理現象を容認する判断に矛盾を覚える。

イギリス、イーリーの公園に設置されたごみ箱とベンチ。

ロンドンのごみ箱は、地味な色に変更された。

電話ボックスと同じく地味で控えめなパリのごみ箱。

ドイツのアルプスで見かけた品の悪い切り株。

公共の場には必ずごみ箱や灰皿が設置されている。だから、道端にごみを捨てる人は少ない。風が運んだごみは、清掃係員によって直ちに除去される。

パリの街角には、電話ボックスと同じく、薄いグレーの地味なごみ箱が置かれる。ロンドンでは、電話ボックスやポストやバスとは違い、ごみ箱には派手な緑色が塗られていたが、街並みに合う色に変更された。モラルの浸透するヨーロッパだが、ごみ箱自体のデザインに決定的なスタイルはない。

一方、多くの人々が連れ歩く犬には、生理現象を抑える理性はない。自由奔放に生の証しを残して歩く。飼主にも、それを除去するモラルはないようだ。

パリのように、清掃用の手押し車で係員が除去して回る都市もある。しかし、供給のほうが常に先行するため、ぼんやり歩いていると、足元にヌルッとした感触を得る。さすがに地元の人もヌルッは避けるが、フニャやカサッくらいは平気で踏む。玄関で靴を脱がないので、家の床にも粒子が運ばれる。

13

洗濯

洗濯物を隠すスイスの景観と、洗濯物の並ぶポルトガルの路地に見る対照的な美。

ドゥロ川南岸斜面に広がるポルトの下町では、路地裏に洗濯物が並ぶ。

ベネチアのブラノ島には、絵になる光景がある。

ポルトの洗濯場では連日の井戸端会議。

シャンソンにも歌われたリスボンの洗濯場。

洗濯物を庭やベランダに干す光景をヨーロッパで見る機会は少ない。湿度が低く、頻繁に着替える必要もないので、日々の洗濯量は多くない。大ていは中庭や裏窓に干せば足りてしまう。

都市では、街路に住民の生活を露呈させない配慮も行き届いている。景観を観光資源とするスイスの村にいたっては、細かい条例も定められている。洗濯や窓拭きの曜日や時間帯、窓辺に置く花の種類などの指示まである。これでは生活し辛いようにも見えるが、美しい街並みに暮らす誇りをもつ人々は、景観を保持する努力を惜しまない。

一方、イタリアやポルトガルなど南欧の下町では、路地裏に洗濯物が見事に並ぶ。体裁を構わずに生活をさらけ出した場面もまた美しく、心和らぐ光景のようにも見えてくる。

ポルトガルでは、共同洗濯場も残っている。家庭内に設備が充足された現代の日本では忘れ去られた地域のコミュニケーションが、住民たち共通の境遇を介して自然に交わされている。

14

手動

窓外に手を出して開閉レバーを動かすイギリスの列車は、身体で降車を確認できる。

タクシーのドアは乗客自らの手で開くほうが世界では常識。

半自動式のパリの地下鉄ドアは、タイミングとコツが必要。

レバーのないイギリス国鉄の列車内。

乗降は窓を下げて外のレバーを開く。

手動でカードを戻すイタリアの電話。

タクシー乗り場にタクシーが到着しても、ドアが開かないので驚くのは日本人くらいだろう。タクシーのドアは手動のほうが世界では常識である。

ヨーロッパの街角では、からくり時計が自動で動くにもかかわらず、自動ドアや自動販売機など、自動化された生活装置はあまり見かけない。人々は自分自身の身体を使って行動する。高級ホテルやレストランではドア・ボーイに開閉を任せるが、他者を介するものの、これも手動には違いない。

地下鉄や国電のドアは、半自動式が多く、降車の際は自分でレバーを操作する。イギリス国鉄の旧式の列車は、車内に開閉レバーがない。降車時は、ドアの窓を押し下げて開き、外側に手を出してレバーを動かす。雨の日も極寒の日もこのようにして開けば、自らの身体をもって降車の意思を確認でき、走行中に誤ってドアを開くことはない。開いたドアは駅員がホームを走ってパタパタと閉め、それが発車の合図となる。不便だからこそ合理的だ。

15

エスカレーター、エレベーター

木製ステップのエスカレーターや格子ドアのエレベーターなど、年代物も活躍する。

エスカレーターは、デパートや駅などに設置されている。最近は日本でも、急ぐ人のために片側をあけるようになってきたが、この慣習はイギリスに由来する。イギリスでは右側に立つ。

イギリスには、機械油の臭いを漂わせてぎくしゃく動く年代物のエスカレーターが多い。地下鉄の駅には、側板やステップが木製のものまである。木のステップは金属よりも凹凸が大きく、長年の使用ですり減っている。

ヨーロッパではリフトと呼ばれるエレベーターも随所にある。多くは、日本ではほとんど消滅した格子ドアの古めかしいタイプだ。外開き戸のタイプや、壁を摺るように上下する内扉のないゴンドラもある。目的の階に着いたらドアは自分で開く。日本で近年普及し始めたドアが二箇所あるタイプも古くからある。一方通行で出入りできる。

ストックホルムやリスボンには、高台へと行き来する日常の交通機関としてエレベーターが活躍する。運行時間帯に市電と同じ料金で利用できる。

ストックホルムのエレベーター。

ミュンヘン地下鉄駅の入口にも。

ロンドンの地下鉄駅に残る木製のステップを使った古いエスカレーター。

ロンドン地下鉄駅のエレベーター。

リスボンの生活用エレベーター。

16

商店

秩序ある街並みを保持する質素な外観の商店も、内部では強烈な個性で表現する。

昔ながらの景観を残すヨーロッパでは、商店の外観は街並みに同調している。ウインドー・ディスプレーは、街路の往来に対して主張し、営業時間外には、散策する人々にウインドー・ショッピングの楽しみを与えてくれる。

看板は、最新ブティックが並ぶファッション・ストリートでも質素に掲げられる。一方、景観と協調し合う外部とは裏腹に、内部は店ごとに迫力満点の表現によって構成されている。

パンクの発祥地、ロンドンのキングズ・ロード周辺は、老朽化したレンガの外壁に地味なペイントを施した店が軒を連ねる。そこには徹底した表現の客が集まり、強烈な音楽の流れる色濃い店内で、個性豊かな店員が対応する。

古い石造建築の多いイタリアでは、堅牢な外観を保持しながら内部のみを改装するインテリア・デザインが発達した。宮殿として築かれた建物を現在は市庁舎に流用しているペルージアでは、広場に面した室内の一部をブティックの店舗として機能させている。

外観は穏やかなロンドンのキングズ・ロードも、店内は最新のディスプレー。

ウィーンのろうそく店の店頭。

ウィーンの老舗ケーキ店の店頭。

イタリア、ペルージアの市庁舎プリオーリ宮1階内部を改装したブティック。

17

デパート

風格ある外観のデパートも、品数多い雑然とした内部の雰囲気で落ち着きが増す。

ヨーロッパのデパートは、品揃えが豊富な点で雰囲気が日本と似ている。日本がそれを模倣したのだが、デパートに入ると、日本の雑然性に戻ったようで、落ち着く。ただ、外観や内部の小細工は、歴史ある建物を長年使用するヨーロッパのほうが味わい深い。ロンドンのリバティ・デパート旧館は、たて長の白壁に黒い柱が浮き出した木造五階の建物で、古い石造の新館裏手で健在に営業している。長い間王室御用達の老舗だったハロッズは、ビクトリア様式の華麗なたたずまいで、ヨーロッパ一の風格を誇っている。

ヨーロッパでは、夏と冬に大々的なバーゲンが催される。バーゲン用の安物ではなく、普段扱われている商品が、大幅に値下げされる。各店舗の前には、"SALE"と記された旗が立つ。

ピレネー山中の小国アンドラは、関税の制度がない。ヨーロッパのデパートと俗称され、免税の品々を揃えたデパートが並ぶ。スペインのバルセロナから買い物バスも出る繁盛ぶりだ。

老舗の風格漂うビクトリア建築のハロッズは王室御用達のデパートだった。

木造建築のリバティ・デパート旧館。

ローマの老舗店リナシェンテ。

ヨーロッパのデパートといわれるアンドラの中心街には免税店が並ぶ。

18
露店

道行く人々がふと覗き込み、できたての名物をほお張ることができる露店の気軽さ。

ホットドッグなどを売るザルツブルクの露店。

ヨーロッパの路上には、野菜や果物の露店が並ぶ。ニースの街路にて。

マルセイユの港で水揚げされた魚を売る露店。

焼き栗は冬のヨーロッパ名物。ローマにて。

ナポリの下町に並ぶ種々の雑貨を売る露店では、子供も店番をしている。

昔ながらのデパートや大型のスーパーが賑わう中で、日常の買い物に朝市や露店を利用する生活者も多い。新鮮な野菜や果物は、農家から自動車で運ばれ、歩道の仮設店舗に置かれて秤売りされる。港には、鮮魚の店も並ぶ。

大通りに出る露店は、道行く人がふと覗き込める気軽さがある。北欧では魚のマリネ、オランダではコロッケ、フランスやイタリアでは焼き栗、スペインではチュロス、ギリシアではピスタチオなど、名物が立ち食いできる。

パリの下町にはクレープ店が立ち、ドイツの街角にはソーセージの店が多い。足を止めて焼き立てのアツアツを受け取った人々は、ほお張った顔をほころばせながら再び散策を始める。

イタリアにはさまざまな露店が出る。ローマのスペイン広場では、花売りが店を構えていた。名画『ローマの休日』にも登場する老舗の露店だ。ナポリでは雑貨も露店で売られ、子供が店番をする光景も見かける。ベネチアでは、カーニバル用品の露店が並ぶ。

19

朝市、ノミの市

北欧の港町で開かれる朝市で売られる新鮮な魚介は、海を眺めながら食べると美味。

ヨーロッパの一日は、朝の買い物に始まる。北欧の港町では、新鮮な海産物を並べる朝市が早くから賑わう。

　ノルウェー第二の都市ベルゲンでは、港に面した広場に赤いテントの露店が毎日並ぶ。水揚げされたエビはすぐにボイルされ、両手いっぱい包んでもらっても大した金額にはならない。人々は岸壁から海に足を投げ出して座り、身を食べて殻は海に戻す。市は午後二時頃には終了し、テントや用具類は跡かたもなく片付けられる。

　スウェーデンのストックホルムでは、ノーベル賞授与式の行われるコンサート・ホール前で市が開かれる。フィンランドのヘルシンキでは、桟橋に接岸する小船からも商品が売られる。

　一方、多くの都市では、朝市のほかに花市や古本市などさまざまな市が開かれる。がらくたに近いアンティークを集めたノミの市や、盗品ばかりを集めたような泥棒市など、うさん臭い市も多い。実用には向かないが散策は楽しい。ただし、スリには要注意。

新鮮な魚介をその場でほお張れるノルウェーの港町ベルゲンの朝市。

ストックホルムのコンサート・ホール前。

ヘルシンキの朝市は船で販売。

ロンドン、ペチコートレーンのノミの市。

ゲントの市庁舎前で開く花市。

20

売店、自動販売機

自動販売機をあまり設置しないヨーロッパでは、タバコは売店のおばさんから買う。

オレンジの形をしたオレンジ・ジュースの売店。パリにて。

休業している間はふたを閉じて完全にオレンジの形を装う。

24時間オープンで菓子を売るスイスの自動販売機。

雑誌や菓子など何でも揃う売店。ギリシア国鉄コリントス駅にて。

街角には、常設の売店もさまざま並んでいる。イタリアには、タバコの頭文字"T"と記されたマークのある売店がある。タバコのほかに、バスや市電の切符、テレフォンカード、郵便切手、絵ハガキ、宝くじ、さまざまな菓子類、アイスキャンディー、新聞、週刊誌などが盛りだくさん揃う。他の国々でも、駅や路上の売店で店員のおばさんと直接会話して商品を得る。

アイスクリームや飲み物の売店も多い。オレンジをその場で半分に切り、一個の原液がちょうどコップ一杯になるように搾ってくれる生ジュース店もある。パリにある生ジュース店は、閉店時にはふたをしてまったくの球状となるオレンジの形になっている。

いたるところに売店のあるヨーロッパでは、自動販売機は多くない。駅のホームやホテルの廊下などに缶飲料の販売機が置かれる程度で、酒類やタバコの販売機は皆無に近い。販売機が比較的多いスイスでさえ、駅や地下街に菓子類の販売機が集中するのみだ。

21

ファーストフード

ヨーロッパではファーストフード店といえども多くは街並みに溶け込む地味な看板。

イギリス、カンタベリーのケンタッキーも地味。

ハイデルベルクのマクドナルドは建物が派手。

タクシーよりも地味なローマのマクドナルド。

金属細工の看板が並ぶザルツブルク、ゲトライデ通りのマクドナルド。

ヨーロッパにも、ファーストフードの店はある。ただ、日本にあるようなマニュアルにしたがったプラスチックの派手な看板を多くは掲げていない。だから、存在に気付く機会は少ない。

オーストリア、ザルツブルクのゲトライデ通りは、金属細工の看板が並ぶ古い商店街だ。ここのマクドナルドに気付く人は少ない。街並みに溶け込んだ看板以外は、日本ではカウンターにある小さなメニュー例がショー・ウインドーに貼られるのみで、外へと向けた情報はほかにない。狭い店内には、日本やアメリカの旅行者がまばらにいる程度で、地元の人はほとんど来ない。

ローマでは、スペイン広場の階段に向かって右のほうにマクドナルドがある。都市の景観を壊さないように、看板は建物と同化する色でディスプレーされている。地味な外観に比べて内部は奥深く、ポストモダンの国ならではの雰囲気だ。カウンターの右手にトイレがあるので、公衆トイレの少ないローマで、それだけがメリット。

22

パブ、バー、カフェ

街並みとともに道行く人々の姿も景観アイテムにしてしまうカフェの屋外テーブル。

ビターをあおりながら世間話に興じるイギリスのパブ。

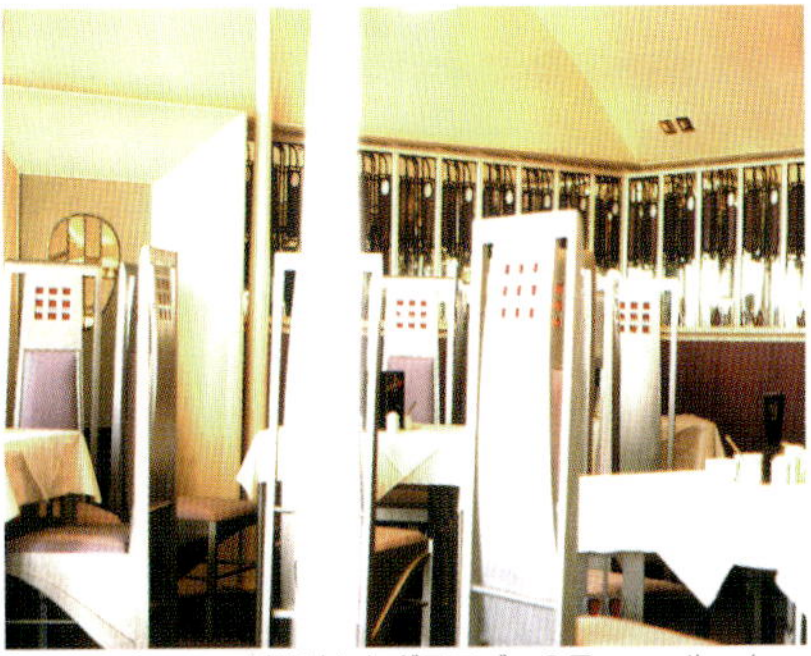

マッキントッシュが設計したグラスゴーのティー・ルーム。

街並みと道行く人々を眺めながらカフェ・オ・レを楽しむパリのカフェ。

ローマのカフェ・グレコは昼も夜も賑わう。

イギリスの街角には必ずパブがある。通勤帰りに立ち寄って、ビターというアルコールの弱いビールを飲みながら世間話に興じる社交場となっている。喫茶店はティー・ルームと呼ばれる。ポット入りの紅茶とピッチャーに入った温かいミルクが運ばれ、人々は、スコーンという菓子に生クリームやジャムをたっぷり塗ってともに楽しむ。

南欧には、バーまたはバールと呼ばれるカウンター式の軽食と酒の店がある。タバコや菓子を置く店もある。料金をレジで先に払い、レシートを持っておしゃべりをしながらカウンターで待つ。注文の品を出すと、店員はレシートを手でちぎって切れ目を入れる。

カフェはどの国にもある。多くは、季節や昼夜を問わず屋外にもテーブルが用意され、通常は室内よりも賑わう。屋外テーブルは歩道を占有し、歩行者がその前を通り過ぎる。カフェでくつろぐ人にとっては、道行く人影も街並みも、コーヒーの味をより引き立てる大事な景観アイテムとなっている。

23

レストラン

店頭の黒板にチョークでその日の定食を記し、屋外のテーブルに食事を運ぶ。

高級レストランから大衆食堂まで、食事の店はどの国にも豊富に揃っている。大衆向けの店は、仕入れに応じてその日の定食を決め、店先の黒板にチョークでリストを書き並べる。癖の強い綴りで読み辛いが、その店独特の味が見えてくるようで楽しい。

日本の店頭にあるロウ製の見本は、見当たらない。見本は、ファミリー・レストランのチェーン店などで、プラスチック製のメニュー・リストに写真が添えられている程度だ。新鮮な食材や調理品を並べて、客に直接選ばせる店も多い。通常は、リストに並ぶ料理名を見て注文する。支払いは食後だが、日本とは違って、担当のウェイトレスやウェイターにテーブルで済ませる。

テーブルは室内にもあるが、カフェと同じく屋外にも用意される。真冬でも、相当寒い日以外は、日中は外で食事を楽しむ人が多い。中には、店先の道路を隔てた眺めの良い場所にテーブルを置き、そのつど道路を横断してサービスをする店もある。

黒板の定食リスト。ミュンヘンにて。

ウィーンの路地裏にある老舗の店。

寒い真冬でも、景観を楽しみながら戸外で食事をする。ルツェルンにて。

イタリアではレストランより安いトラットリアが人気。ローマ、ベネト通り。

2章 街路と交通

ポルトの狭い階段の先は、ドン・ルイス橋とドゥロ川

24

大通り

大通りを構成する壮大な景観には、先住者を一掃する時の権力が導いた歴史が潜む。

オースマンが設計したパリのシャンゼリゼ。

ウィーン旧市街を囲む城壁跡の環状道路リンク・シュトラッセ。

ローマのフォリ・インペリアリ通りは遺跡へ。

港を見下ろす緑多い公園を中央に配置するリスボンのリベルターデ通り。

パリの目抜き通りシャンゼリゼは、ナポレオンの構想をもとに都市計画家ジョルジュ・オースマンが実際の設計を担当した。現在は美術館のルーブル宮から凱旋門まで、広大な歩道と一〇車線の車道が一直線に伸びている。

同じ頃、ウィーンでも都市整備が始まり、旧市街を取り巻く城壁が撤去された。完成した環状道路リンク・シュトラッセは、緑の中を赤と白の市電が行き交う大通りとなっている。

いずれの通りも美しく、生活機能として今は欠かせない。しかし、この景観は、周辺に住む貧しい人々を建設当時の権力が強引に一掃して導かれたことを知っておくべきだろう。

リスボンの新市街には、ポルトガルのシャンゼリゼと謳われるリベルターデ通りが伸びている。なだらかに下る雄大な坂道の中央には、清楚に刈り込まれた低木と芝生による緑地帯が広がる。背面にはエドアルド七世公園を、正面にはティージョ川下流の港に出入りする船の姿を遠く見渡せる。

25

街路樹

パリはマロニエ、ローマは松。ギリシアや地中海沿岸は果実の実る街路樹が並ぶ。

北欧には、森林を開発して都市を建設する際に、街路や公園に残す植物をあらかじめ決めて、やむを得ず伐採する樹木を最小限に抑えてきた歴史がある。このような措置は通常は困難ながらも、ヨーロッパでは街路樹を積極的に植え、大切に保護してきた。

パリの通りに欠かせないマロニエは、石造建築の街並みに彩りを添え、カフェのテーブルに日陰をもたらすオアシスとなっている。根元は土が路上に散在しないように保護されている。

ローマでは松が生い茂り、遺跡に囲まれた街路やテベレ河畔の景観に潤いを与えている。一方、イタリアのトスカーナ地方では、野山に糸杉が伸び、のどかな田園の光景を演出している。

地中海に面した南欧やギリシアでは、街路沿いの民家の庭や歩道にオレンジやレモンの木が並び、果実をたわわに実らせて景観を彩る。スペインにはアーモンドの木が多く、冬にはピンク色の花を咲かせる。遠目からは桜が咲いているように見える。

夏とはいえ寒々しいフィンランドの並木道。

ローマ郊外オスティア・アンティカの遺跡へと続く駅前からの街路樹。

アーモンドの花。リビエラ地方にて。

オレンジが実るモナコの街路樹。

26

路面

底冷えのする石畳の路地を歩くと、中世ヨーロッパの街路空間を体験できる。

ベルゲンの港付近では板の路面。

靴音の響くウィーンの石畳の路地。

オランダとベルギーとの国境の町バールレ・ナッソーの路面に引かれた境界。

南イタリア、アルベロベッロでは独特な石の建物と同じ石の舗装が施される。

旧市街にある街路の多くは、石畳の路面を残している。手で砕いた中世の粗野な石から、色違いの素材を組み合わせて路面に図柄を描いた石畳まで、その表情はバラエティーに富む。

ほとんどの路面に古い石畳が残るウィーンでは、両側に堅牢な石造建築も建ち、路地を歩くと靴音が遠く響く。人通りの少ない夜には、名画『第三の男』さながらの空間体験ができる。石に囲まれていると、冬の底冷えは半端ではない。木枯しが運んだ枯葉がかさかさと音をたてて路面を走る。

路面に大きなごみは少ないが、石のすき間には焼き栗の皮やカーニバルで使われたクラッカーの色紙などさまざまな季節の断片が入り込んでいる。路面には、観光馬車の馬や犬からの落とし物が最も多く、すき間の断片を留めるペーストにさえなっている。

北欧では、細い路地や駅のホームに板を並べたスノコ状の路面を時おり見かける。フィンランドの田舎町には、未舗装の駅前広場も残っている。

27

歩道

古代にも対策が考案されていた歩行者と車との共存は、歩行者専用道路として発達。

日本と同じく、広い通りには歩道がある。歩道には、街路樹や街灯、地下鉄駅への入口、バス停、ごみ箱、電話ボックス、ポスト、広告塔などが並ぶ。パリのシャンゼリゼのように、一〇車線の車道の両側に五車線分ほどもある歩道が並行し、カフェが広々とテーブルを出している場合もある。

コペンハーゲン中央駅から北へ伸びるストロイエは、世界で最も初期に歩行者天国を実施した通りとして知られている。一九六一年の市制八〇〇年を祝して、市交通局がクリスマス・プレゼントとして市民に街路を解放した。現在は年間を通じて歩行者専用モールとなっているが、当時の粋な計らいは、世界中に歩行者天国を普及させた。

人と車とが共存する対策は、古代よりすでに実施されていた。遺跡の街ポンペイでは、馬車が往来する石畳の車道の両側に歩道が設けられている。しかも、横断歩道まで設置され、馬車の車輪の幅に合わせて車道に置かれた石の上を歩行者が行き来していた。

ブレーメンのシュノール地区。

コペンハーゲンのストロイエ。

カフェのテーブルの脇を歩行者が通るパリ、サン・ジェルマン通りの歩道。

イタリアのポンペイには馬車道を渡る石の横断歩道が遺跡として残っている。

28

坂

斜面に並ぶ建築物は水彩画。白い家並みの間を登って振り向けば、眼下に紺碧の海。

坂道に落ち着いた風格の建物が並ぶバースの住宅街。

アルハンブラ宮殿に向かうグラナダのゴメレス坂。

市電が行き交うリスボンの坂道。

スペイン、トレドの狭い石畳の坂道。

港が見渡せるテッサロニキの坂道。

自然の起伏に形成された古い街には、なだらかな坂が多い。イギリスのバースは、建築物が斜面に並んで水彩画のような景観を構成している。

一方、街全体が要塞として築かれた丘上都市には、狭く急な坂が網の目状に入り組んでいる。石造建築のすき間に続く石畳の勾配は、ヨーロッパの景観の中でもとりわけ味わい深い。

イタリアの丘上都市アッシジへは、鉄道駅のある新市街からバスで登る。駅からのバスは旧市街入口の広場が終点となり、その先は細い坂道を徒歩で進むか、ミニ・バスに乗り換える。

リスボンでは、急勾配の坂道は自動車の通行をシャットアウトし、ケーブル式の市電を走らせている。その脇を徒歩で頑張る歩行者や、途中から市電の後部にぶら下がってタダ乗りする子供など、下町の光景が展開する。

エーゲ海の島やギリシアの港町テッサロニキでは、白い家並みと坂や階段が交差する。迷路のような空間を進んで、振り返ると、紺碧の海が遠く輝く。

29

階段

壁に囲まれた狭い路地と眺めのよい屋根の上を結ぶ階段は、魅惑的な空間の要素。

階段も魅惑的な空間構成に欠かせない。エーゲ海の島々では、家並みに囲まれた路地と広場や人家の屋根に連続する通路との間を狭い階段がつなぐ。

北欧のベネチアとも称されるストックホルムでは、王宮の建つ旧市街に立体的な迷路が広がる。フィヨルドの中の小さな島ながら、堅い岩盤上の空間は、細い階段の路地や岩に連続する建物をくり抜いたトンネルの中を上下に錯綜し、こじんまりとまとまっている。

南フランス、オーベルニュ地方の聖地ル・ピュイに、赤いマリア像の立つ丘ノートルダム・ド・フランスがある。麓から頂上へ向かう参道は、上部に至って急な岩場の階段となる。

教会や城などの塔へと登る階段も、独特な身体感覚を導く。バチカンのサンピエトロ寺院やフィレンツェのドゥオモの頂上に立つには、延々と続く狭い階段を伝う。バルセロナのサグラダ・ファミリア教会では、らせん階段をひたすら登って足元を見ると、手すりがなかったことにようやく気付く。

ストックホルム旧市街の狭い階段。

丘上都市アッシジの石畳の階段。

ル・ピュイの丘に登る急な階段。

エーゲ海の島の家並みを縫う階段。

ガウディ設計のサグラダ・ファミリア教会の塔には手すりのないらせん階段。

30

路地

ミラーを伏せないと車が通れない路地や、人間同士がすれ違えない狭い路地もある。

旧市街は概して道幅が狭い。それでも自動車は、ミラーを伏せて石畳の路地を壁面すれすれに通る。自動車の入れないほど狭い路地も多く、とりわけ石造建築の密集する南欧の旧市街は、暗い路地が迷路のように錯綜する。

運河の街ベネチアの路地は、人間同士のすれ違いすら困難だ。空間はまさに穴ぐらで、頭上にも建物がせり出す。直線区間は短く、右に左に折れ曲がって分岐や合流を繰り返すので、自分の居場所を見失いやすい。迷路をさまよっていると、突然、地域の小広場カンポが目の前に開けることもある。

ストックホルムも、旧市街に狭い路地や階段が多い。しかも、建物や岩の下を貫くトンネルまで加わって、迷路の味わいに深みを増している。

南フランス、カルカソンヌのもっとも古い旧市街は、丘に建つコンタル城を囲む二重の城塞内にある。街並みには、路面の中央に雨水を流す溝が掘られている中世からの路地もそのまま残って、現在も機能を果たしている。

楽器の演奏が禁止のドイツ、ハーメルンのねずみ捕り男が笛を吹いた通り。

溝のあるカルカソンヌ城内の路地。

ベネチアには迷路の路地が多い。

子供と老婆。リスボンの路地にて。

白壁に囲まれたセビリャの路地。

31
トンネル

起伏の激しい風光明媚な岩場の中を貫通して、複雑な迷路を形成するトンネル。

ストックホルム旧市街の短いトンネル。

ユングフラウ鉄道の終点ユングフラウヨッホ駅は粗野な素掘りのトンネル内。

グランプリのコースにもなるモナコの道路は斜面に建つビルの内部も貫く。

岬の下を短絡するナポリのトンネル。

ヨーロッパには、起伏の激しい都市が多い。坂や階段とともにトンネルは、迷路の空間をより複雑に演出する。

地中海沿岸には、岩場の切り立つ風向明媚なところが多い。海岸線に面した下町から山の手の斜面に街が広がるナポリでは、国鉄路線はその下をトンネルで抜け、岬の下を王宮と市民公園とを結ぶ幹線道路が直結する。ジェノバでも、国鉄路線は堅い岩盤に掘られた粗野な素掘りのトンネルを進む。

モナコの中心街モンテカルロでは、海に飛び出すように曲がりくねった道路が、斜面一体に形成されたビルの中にも進入して立体迷路を描き出す。一般道路として機能する迷路は、グランプリのコースとして知られている。

スイスにも大胆なトンネルが掘られている。ユングフラウ鉄道は、アイガーの麓から岩場に入り、標高三四五四メートルの終点ユングフラウヨッホまで素掘りのトンネルを一気に登る。途中には、麓の村や氷河の姿を岩場の中から覗ける窓が開けられている。

32

地下街

一風変わった商店街や地下鉄駅など地上の景観にはない様相が地下にはある。

ストックホルム新市街の広大な地下。

ベルンのマルクト通り地下店舗入口。

地下は閉店時には存在を無化する。

広場を囲んで地下街が並ぶパリのフォーラム・デ・アール。

ミュンヘン中央駅前地下街からデパートの地下への通路。

電線を埋めてまで外部の景観を美化するヨーロッパでは、地下も合理的に活用されてきた。大きな駅前には商店の並ぶ地下街が必ずあり、地下鉄駅にも地下道が通じている。ブリュッセルやベルンなどのように、国鉄や私鉄のホームまで地下へ埋めた駅も多い。

ベルンでは、国鉄地下駅前から旧市街の中央を進むマルクト通りに、一風変わった地下商店街がある。一階の歩道は、車道に面した石造建築に統一して造られたアーケードとなっていて、一部が車道にはみ出している。そこからアーケードの歩道の下へ向かう急な階段を使って地下の店に降りる。階段の入口は、閉店時になると、地下に店舗があることなど気付かれないほど小さくて地味な扉を閉めてしまう。

堅い岩盤の上に築かれたストックホルムの新市街には、何層もの地下がある。大きな空間に岩肌を露出させた地下鉄駅の光景には奇観の様相がある。そしてさらに深い地下には、広大な核シェルターが用意されているという。

33

橋

屋根の乗った木造橋や2階建のアーチ橋は、景観に趣を添える華麗な舞台装置。

ゴッホも描いたアムステルダムのはね橋。

ポルトのドン・ルイス橋は、上にも下にも自動車が通るアーチの鉄骨橋。

『ベニスの商人』の舞台となったリアルト橋。

歌で有名なアビニョンのサン・ベネゼ橋。

セゴビアの石造水道橋は、自動車の幅ぴったりのアーチで構成される。

川の流れる多くの街では、橋が生活を支えてきた。橋の姿は美しい。

ポルトガルの旧都ポルトを流れるドゥロ川の峡谷には、鉄骨造のアーチ橋がダイナミックな様相をかもし出す。両岸の高台を結ぶ主橋と川沿いの低い岸辺を結ぶ小橋とが上下二段に構成され、街の景観に趣を添えている。

スイスのルツェルンにあるカペル橋は、屋根の乗ったヨーロッパ最古の木造橋だった。近年火災に合い、現在は再建されて華麗な街の象徴が蘇った。

屋根付きの石造橋はイタリアの景観に似つかわしい。ベネチアの大運河にかかる階段状のリアルト橋や、ルネサンス期にメディチ家専用の二階通路が重ねられたフィレンツェのベッキオ橋など、歴史の舞台としても知られる。

また、スペインのセゴビアには、ローマ時代の水道橋が高台の旧市街入口に立ちふさがってゲートの役割を演じている。これを基準に自動車の幅が決められたのかと思えるほど、石のアーチにぴったりのバスが行き交う。

34

運河

生活の臭いを運ぶ裏町の狭い運河や絶壁の下の壮大な運河は、趣豊かな景観要素。

アムステルダムの運河に面するオランダ屋根。

北のベネチアとも称されるブルージュには港からの船も入る運河が巡る。

パリの歴史的景観の濃いサン・マルタン運河。

世界中にもっとも知られる運河の街ベネチア。

ペロポネソス半島入口に掘られた南北の入江を結ぶコリントスの運河。

生活を支える運河は、現在も多くが機能を発揮する。セーヌ川から分岐するパリのサン・マルタン運河のように、地味で趣豊かな名所も多い。

ベネチアでは、路地にも増して運河が網の目状に島を巡り、ゴンドラをはじめバポレットと呼ばれる水上バスや水上タクシーなど、人々を輸送する現役の交通機関が活躍している。水没しつつある水の都では、裏町の狭い運河が近年とみにドブ臭く、魅力を低下させる要素ともなりかねない状態だ。

干拓による人工国土の国オランダには、国内の随所に運河が巡る。アムステルダムでは、間口が狭く正面だけが見栄えよく装飾されたオランダ屋根の茶色い建物が、運河に面して並ぶ。

アテネの西九〇キロに、エーゲ海とイオニア海とを結ぶ長大な運河がある。ギリシア国鉄の列車でも自動車でも約二時間走った頃、コリントスに入る手前でスリリングな鉄橋を渡る。眼下には、約一〇〇メートルの絶壁が約四キロも続く壮大な景観を望める。

35

交通標識、信号

赤の次も黄色を表示する信号や、前半が青でも後半は赤の横断歩道などさまざま。

赤の次に黄色が点灯する信号も見かける。ロンドン、オックスフォード通りにて。

空中に吊ったコペンハーゲンの信号。

ブルージュの自転車の横断用信号。

自転車とバイク禁止の標識。オランダ。

赤を大きく表示したイタリアの信号。

交通標識は、国ごとに多少の違いがあるが、日本の原形でもあり、大半は理解できる。ただし、追い越し禁止の表示などは日本とまったく異なる。

中世の街並みを保存するヨーロッパとはいえ、金属細工の交通標識を掲げるわけにはいかず、景観には異質な要素となっている。自動車の乗り入れを制限する街路も増えたが、生活に浸透する自動車文化と環境問題との軋轢を直ちに解消することは困難のようだ。

交通信号の色や意味も日本とほぼ同じで、自動車用には三色、歩行者用には二色が多い。オランダやベルギーでは、自転車用の信号も設置されている。

イギリスでは、点灯の順番がきめ細かい。赤の次にも黄色を表示したり、しかも赤と黄色が同時に点灯する時間があったりもする。発進準備の合図なのだろうか。また、道路の中央に安全地帯を設けて、途中まで青でも、後半は赤を表示して、余裕をもった横断を促す大きな通りの横断歩道もある。しかし、大方の歩行者は信号を守らない。

36

バス

ロンドンの旧型バスは途中で乗り降りできるが、身の安全は自分の責任で保つ。

バス同士が抜き合う場面もあるロンドンの古いバスは入口にドアがない。

トレーラーを連結するルクセンブルクのバス。

スイス、モントルーを走るトロリー・バス。

スイスの郵便バスは、トレーラーを引いて郵便物を運びながら運行。

イタリア、アッシジの旧市街を巡るミニ・バス。

イギリスのほか、アイルランドやポルトガルでも、二階建の路線バスが走る。ただし、北アイルランドの首都ベルファストのバスは一階で相当古い。ロンドンとリスボン以外では、車体は赤くない。都市ごとに色の異なるワンマン・カーが使用されている。

ロンドンには、車掌が乗る旧タイプの車両が二〇〇五年まで走っていた。乗降口にドアはなく、白いポールにつかまって、各自で安全を図る。ロンドンっ子たちは、信号待ちの間に巧みに飛び乗り、飛び降りていた。

スイスでは、PTT（郵政省）による郵便バスが国内全域を網羅している。乗合サービスをプラスした郵便集配車が起源で、郵便物用の小型トレーラーを後部に連結している場合もある。

一方、国境を越えて定期運行される長距離バスも多い。鉄道のない小国アンドラやサン・マリノへは、近隣国の国鉄駅から出るバス路線を使う。

また、アテネやスイスの都市には低公害のトロリー・バスも走っている。

37

路面電車

ヨーロッパの街路を彩るトラムは、排気ガスの出ない交通手段として評価される。

ドイツの主要都市には必ず市電が。ブレーメン。

フランス、グルノーブルの低床式路面電車。

バルセロナに唯一残るクラシックな路面電車。

下町の狭い路地を壁面すれすれに巧みに動き回るリスボンの小さな市電。

自動車と同じ道路を走る路面電車は、日本では希少の存在だ。ヨーロッパではトラムと呼ばれ、数多く現存している。近年は、排気ガスの出ない交通手段として関心を集めている。市交通局による市電が多いが、私鉄や第三セクターが運行する場合もある。

ウィーンの市電は、前方にのみ運転席があり、折り返し運転はできない。終点にさしかかると、寄り添っていた複線が別れ、街区をひと回りして方向転換をする。線路は道路の中央のみではなく、一方通行の反対車線側に敷かれていたり、公園の緑地帯を進んでみたり、自由奔放に往来する。路線には郊外のバーデン行きの私鉄も乗り入れるなど、バラエティー豊かで楽しい。

リスボンでは、狭い路地にまで線路が敷かれている。すれ違いが困難な区間は、複線同士を食い込ませてポイントの切り替えなしで短い区間のみを一方通行とするガントレットという方式が使用されている。終点では、車掌が旧式のポールを回す光景も見られる。

38

地下鉄、私鉄、国電

2階建の通勤列車によって座席が多く確保され、スシ詰めのラッシュはない。

グラスゴー市内を循環する地下鉄は狭い車内。

正面のみを目立つ黄色に塗装したイギリスの旧型国電にはドアが並ぶ。

一風変わった塗装で走るマドリードの地下鉄。

ミラノ・ノルド鉄道はミラノ北部への通勤線。

ローマとリドを結ぶ不思議な雰囲気の列車。オスティア・アンティカ駅。

ヨーロッパの都市では、市内や郊外を巡る鉄道も発達している。運行は国鉄、公営、私鉄などさまざまだが、人々は通勤や外出に利用する。朝夕のラッシュ時は混雑するが、日本ほどのスシ詰め状態はない。座席を増やすために二階建の車両も多い。

イギリスの国鉄列車は、正面が目立つ黄色で塗装され、景観に溶け込む地味な側面との機能を分離している。ロンドン南部を走る旧型の国電は、地下鉄のように第三軌条から集電するため、架線がなくすっきりしている。車内は小部屋に区切られ、各部屋から直接乗降するため、側面にドアが並ぶ。

ドイツの主要都市やウィーンでは国電をSバーン、市営地下鉄をUバーンと呼ぶ。市街中心部の地下には壮大な総合路線網が設けられ、駅の上にはSやUのマークが表示されている。

イタリアには私鉄が多い。ローマには、大きな国鉄ターミナルのテルミニ駅とは別の目立たない小駅から郊外へと通勤列車が走っている。

39

ケーブルカー

観光用のみならず、丘の上の街まで斜面を登る眺望のよい生活路線もある。

ポー駅前から無料のケーブルカーでピレネー通りへ。

チューリヒ中心部のビルと高台の住宅街とを結ぶポリーバーン。

リスボンのケーブルカーは市電と同じ料金で乗れる。

丘上都市オルビエトの旧市街へも国鉄駅前からケーブルカーで。

ケーブルカーは、観光用のみならず生活路線としても活躍している。

丘の上に旧市街が広がるイタリアのオルビエトでは、麓にある国鉄駅前広場の正面からケーブルカーが発着する。雑木林の斜面を登山鉄道のように登って、街の入口に到着する。中心部へは、そこからバスが出ている。

スペインとの国境に近いフランスのポーの街も小高い丘にある。公園になっている駅前の斜面は歩いても登れるほどだが、ケーブルカーも出ていて、ピレネー山脈を間近に望めるピレネー通りまで無料で運んでくれる。

スイスのチューリヒでは、中央駅前のバーンホフ橋を渡った先にある古い建物の中にポリーバーンの発着駅がある。わずか二〇〇メートルほどの距離を登るケーブルカーだが、高台に住む人々の足として役立っている。

リスボンでは、三箇所の急坂にケーブル式の路面電車が走っている。勾配に合わせて下り側の正面が異常にたて長の車両で、ユーモラスな雰囲気だ。

40

停留所

バス停にも市電の停留所にも通常は名前がなく、どこで待つのか戸惑うこともある。

バスの停留所は、日本とあまり変わらない。相違点は、多くのバス停に名前がなく、ポストの上には系統番号またはアルファベット文字が記されて行き先表示がないことくらいだ。ベンチや屋根が設置されている場合もある。

市電の停留所にも通常は名前がない。線路から離れた建物の壁面に番号のみが表示されている場合もあり、どこで待つのか戸惑うこともある。

リスボンの路地裏には、線路が単に途切れているだけの終点もある。進行方向を変えるために、往来する自動車を待たせて車掌がポールを回す。

ウィーンの市電路線に乗り入れているバーデン行きの私鉄は、オペラ座近くに専用の発着所を設けている。出発後、直ちに市電と合流して無名の停留所に止まり、途中から専用軌道となってようやく停留所に名前がつく。

ベネチアでは、バポレットという水上バスの停留所が運河の片隅に浮かぶ。橋の少ない中央の大運河沿いでは、右に左に頻繁に停泊して航行する。

日本にもあるようなヨーロッパの典型的なバス停の光景。ミュンヘンにて。

オペラ座近くの専用停車場から市電と合流するウィーン・ローカル鉄道。

終点でポールを回すリスボン市電。

ベネチアのバポレット停留所。

41

駅

街のシンボルとして親しまれ、古き香りを伝える駅には、さまざまな表情がある。

フランクフルト中央駅はヨーロッパ一の規模。

19世紀末、オットー・ワグナー設計のウィーン地下鉄6号線のホーム。

ローマ、トラステベレ駅のホームにて。

ホームが低いため人々は協力し合って乗降する。ファルコナラ駅にて。

ヨーロッパの大都市にはターミナル駅が複数ある。パリには六駅、ロンドンには一三もの大小ターミナルがある。現在は再分割されて民営化が進む国鉄も、以前は私鉄に始まった場合が多い。発足当時の路線や駅舎が残され、さまざまな機能を発揮する。街のシンボルとしても市民に親しまれている。

ターミナルのほかに街にはローカルの駅も点在する。市街では地下に潜る国電も多く、郊外で地上に出る地下鉄もある。駅はさまざまな表情をもつ。

ウィーン高架鉄道として発足し、地下鉄に統合された六号線は、ほとんど地上を走る。駅舎は、ウィーンに多くの建築物を残したオットー・ワグナーの設計で、柱や駅名表示にいたるまで一九世紀末の香りを漂わせている。

田舎の駅にも深い味わいがある。スイスの私鉄路線では、重厚な木造の駅舎をよく見かける。民家と同じく壁面には装飾が施され、雪深い山村では急勾配の屋根が乗る。窓辺や軒には花を置き、車窓の風景に彩りを添える。

42

馬車、観光列車

石畳の路地を巡る観光馬車は、中世からの街並みをより引き立てる景観アイテム。

雪深い真冬でもノイシュバンシュタイン城へ登るドイツの観光馬車。

ヨーロッパの街路には馬車がよく似合う。石畳の路地をポッカポッカと音を響かせて進むさまに、中世からの凍結しきった景観を見ることができる。

法外な料金の請求を恐れてか、日本人観光客の利用する姿は少ないが、欧米人は気軽に街角の観光馬車を楽しんでいる。料金はタクシーとほぼ同じ。個々または全員の料金をあらかじめ確認しておけば心配することはない。

ブリュッセルのグラン・プラスで乗客を待つ市内巡りの観光馬車。

ドイツ、ロマンティック街道南端の山中に建つノイシュバンシュタイン城へは、麓のホーエンシュバンガウから馬車が出ている。歩けない距離ではないが、こちらは日本人観光客がよく利用している。雪深い真冬でも、坂道を往復する蹄は頑丈でたくましい。

エーゲ海に浮かぶイドラ島は、急坂が多く、背中に観光客を乗せて島を巡るロバが活躍する。また、街によっては、馬車ならぬSL型の連結自動車が大勢の乗客を運んでいる。レールのない遊園地のおとぎ列車のようで、大人も子供も気軽に楽しめる。

ル・ピュイではSL型の連結自動車。

観光客を乗せるイドラ島のロバ。

43

船

魅惑的な景観をのどかに堪能する観光に船はふさわしく、航行する風景も絵になる。

船は、のどかな観光にふさわしい。エーゲ海には、島巡りの小さなボートから、宿泊できる大型クルーズ船まで、さまざまな観光船が就航している。

川や運河でも、定期観光船は一般の船以上に多い。船から見た街や港の光景には趣がある。ディナー・クルーズ船からの夜景は魅惑的だし、また、川岸から眺めた航行風景も絵になる。

一方、フェリーや渡し船は生活航路として欠かせない。ドーバー海峡では、ユーロ・トンネルが開通しても、『ル・シャトル』という運搬列車を使わない自動車や特急『ユーロスター』以外の乗客のために、フェリーやホーバークラフトが用意されている。

ベネチアには、観光用のゴンドラ以外に大運河を渡る地味な乗合のゴンドラもある。運河には水上タクシーやバポレットという水上バスも航行する。

産業用の船にも味わいがある。ポルトのドゥロ川では、ワイン工場から港へとワイン樽を運搬する昔ながらの木造船が景観に彩りを添えている。

ロンドン、テムズ川上流の別荘地では各戸でボートを所有して川を航行する。

ポルトには昔からのワイン運搬船。

パリのセーヌ川を航行する観光船。

ベネチアにはゴンドラをはじめバポレットという水上バスやタクシーも航行。

44

港

何もなくても汚れていても、港は香り豊かで美しく、のどかな眺めに心洗われる。

コペンハーゲンの小さな港ニューハウン。

ハンザ同盟の建物が並び帆船が浮かぶ奥深いフィヨルドのベルゲン港。

アイルランドの表玄関ダン・レアレ港。

ヨットが並ぶアテネ郊外のピレウス港。

世界三大美港のひとつに数えられるナポリのサンタ・ルチア港。

汚れていてもきれいでも、港には、香り豊かな景観が凝集する。

カンツォーネに唄われるナポリのサンタ・ルチア港は、香港やサンフランシスコと並ぶ世界三大美港と称えられ、丘からののどかな眺めに心洗われる。しかし、水面を間近に見ると、ごみが浮いていて、ナポリを見たから死んでもいいという気分にはなれない。

深いフィヨルドの奥に構えるノルウェーの漁港ベルゲンは、朝市で賑わう。両手いっぱいに抱えた新鮮なエビを、人々は岸壁から両足を垂らしてその場で食べる。この上なく美味だが、エビの殻を海に捨てる勢いで他のごみまで投げてしまうのは、いただけない。

ロンドンから鉄道でアイルランドへ渡る場合、通常はウェールズのホーリーヘッドで列車を降りてフェリーに乗り換える。対岸のダン・レアレ港は、アイルランドの表玄関にもかかわらず、桟橋にはこれといった施設はない。下船した人々は、向かい側の国鉄駅まで舗装の不完全な道路を歩く。

3章 信仰・文化・風俗

アイスクリームの発祥地ベネチアにて。

45

モニュメント

惨事の教訓碑から童話にちなむ像まで街のシンボルとなるモニュメントはさまざま。

ロンドンの地下鉄にモニュメントという名の駅がある。大文字で始まるザ・モニュメントとは、一七世紀に発生したロンドン大火の記念塔を意味し、惨事を防ぐ教訓の碑となっている。

繁栄や目的の遂行の碑以外にも、ヨーロッパにはさまざまな記念碑が立つ。マリアやキリストなどの聖人像や、王や領主の像、名士のゆかりの地などにそびえる人物像が最も多い。

架空の存在の像も多く、土地のシンボルとして親しまれている。ブリュッセルの路地に立つ小便小僧は、全世界から衣装が届くほど有名で、近くにはそれにあやかった小便少女の像まで造られている。ドイツ、メルヘン街道沿いの街には、童話にちなんだ像も並ぶ。

一方、フランスやイタリアの広場で天を目指して立っているオベリスクは、かつてエジプトから略奪したものが多く、現在はエジプトから返還を求められている。また、パリのセーヌ川の中洲にはアメリカに寄贈された自由の女神のオリジナル像が立っている。

ブリュッセルのシンボル、小便小僧。

市庁舎前のブレーメンの音楽隊像。

パリの新都心ラ・デファンスの広場に置かれたホアン・ミロの巨大彫刻。

リスボンにある新大陸発見の碑。

ローマ、ポポロ広場のオベリスク。

46
時計

教会の鐘の音やからくり時計の人形の寸劇で時を告げる伝統が旧市街に根付く。

時刻の表示は、ヨーロッパの生活に欠かせない要素となっている。南イタリアの遺跡都市ポンペイでは、公共用の日時計がすでに使われていた。

個人が時計を持たない時代から、教会には時を告げる役割もあった。現在も多くの鐘楼が時報を打ち、石畳にこだまする鐘の音が、旧市街の景観を引き締める。スイスのローザンヌのように、見張り塔の上から市街全域に人間の肉声で時を伝える都市もある。

ドイツやオーストリアでは、からくり時計が古くから伝わる。特定の時刻になると各都市の歴史にちなんだ木の人形が登場し、オルゴールの音色に合わせて寸劇を披露する。時報の前には観光客が大勢集まり、地元の老人たちも毎日のように見守りにやって来る。

時計はアナログが主流だ。デジタル化の時代にあって、ヨーロッパにその表示は多くない。駅では、手で針を回して出発時刻を示す時計型の案内盤もよく見かける。一方、ドイツには一五分おきに時報を響かせる駅もある。

ロンドンの国会議事堂にある時計塔ビッグ・ベンは15分ごとに時報が鳴る。

ミュンヘン市庁舎のからくり時計。

ウィーンの路地のからくり時計。

出発時刻を示す駅の手回し時計。

日時計の塔が残るポンペイの遺跡。

47

井戸、泉

神秘の力を携えた泉が湧き、生活の中心機能を果たす共同井戸が各地に残っている。

ル・ピュイの岩山に登る途中に湧き出る泉。

オルビエトの丘に登ってすぐ右手にあるサン・パトリツィオの井戸。

ルルドの泉は誰もが蛇口から自由に汲める。

カルカソンヌの城壁内部の旧市街には、趣ある井戸が多く残っている。

井戸や泉には味わい深い趣がある。水道が完備された世界から見れば郷愁を喚起する景観だが、かつては最も生活に密着した装置だった。しかも、飲料や生活用水である以上に宗教的な意味あいも濃厚に携えられていた。

　万病を治癒するルルドの泉は、薪集めに森に入った少女が、目の前に出現した聖母マリアに指示されて掘り当てたといわれる。飲用に適さないヨーロッパの水とはいえ、神秘の泉を求めて世界中から巡礼者があとをたたない。水の成分は他の自然水と変わりない。

　一方、旧市街には共同井戸があり、生活の中心機能を果たしていた。ポルトガルの下町では、井戸端で洗濯をする主婦の姿が現在でも見られる。

　イタリアでは地域の小広場に井戸があり、蓋の閉じた古井戸を囲んで井戸端会議だけが今でも続く。丘上都市オルビエトには、丘の上に深い井戸がある。水を汲むために底へ降りる階段があり、すれ違っても支障のないように階段は二重のらせんになっている。

48

物語

物語に登場する架空の人物の家にも在住跡の表示が施され、名場面を想起させる。

ウェールズ山中の悪魔橋デビルズ・ブリッジ。

現在はレストランになっているハーメルンのネズミとり男が住んだ家。

アテネにあるソクラテスが幽閉された牢獄。

『ロミオとジュリエット』に登場するジュリエットの窓はベローナにある。

ヨーロッパには、物語や伝説の登場人物やストーリーにちなむ場が多い。

ロンドンでは、名士の在住跡を示す名所表示がシャーロック・ホームズの家にも掲げられている。スペインのクリプターナには、ドン・キホーテが怪物と間違えて突進した風車が残る。

イタリアには、シェークスピアの舞台が多い。ベローナには、ロミオに向かうジュリエットの窓があり、ベネチアではリアルト橋が『ベニスの商人』の名場面を想起させてくれる。

ドイツでは、架空の物語を超えた伝説の場もある。ハーメルンには、ネズミを退治したにもかかわらず約束の報賞を与えられなかった男が、今度は町の子供を集めるために立って笛を吹いた路地と住まいが残っている。

真実と創作との境があいまいな場合も少なくない。スイス、モントルー近郊のシヨン城には、詩人バイロンが実際に幽閉されていたが、アテネのフィロパポスの丘にあるソクラテスの牢獄跡には、幽閉の証拠は残っていない。

49

マリア、キリスト

マリア出現の聖地は信教を超えて世界中から巡礼者を集め、敬虔な感性を導く。

マリアが出現して泉を湧き出させたと伝えられるルルドのマッサビエルの洞窟。

ル・ピュイの岩山に立つマリア像。

サン・セバスティアンのキリスト像。

コルドバにある灯火のキリスト像。

ギリシアでは随所に『イコン』が。

ヨーロッパのキリスト教は、古代ローマ期に公認されたカソリック、ローマ帝国の分裂で生じた東方教会、宗教改革以降のプロテスタントに大別される。聖書のみを倫理規準とするプロテスタント教会には、十字架のみが置かれ、マリアやキリストの姿はない。

ギリシアや東欧で信仰される東方教会では、マリアやキリストの肖像を『イコン』と呼ぶ。肖像は駅構内など街の随所に置かれ、自由に礼拝できる。

南欧を中心とするカソリックの地域でも、教会や聖地には必ずマリアやキリストの像がある。とりわけキリストの母マリアは原罪を唯一免れた聖人としてキリスト以上に親しまれている。

フランスのルルドでは、ベルナデットという少女の前にマリアが出現し、万病を治す泉を掘らせた。今では信教を超えて世界中から巡礼者を集めるローマ教会公認の聖地となっている。

このような現象自体の解釈は別として、聖母崇拝の文化が生んだ景観からは、敬虔な感性が自然に導かれる。

50

巡礼地

カソリック信者の訪れる巡礼地はスペインやフランスに多く、聖地の歴史を物語る。

800年間にわたって巡礼者を集めてきた英仏海峡の聖地モン・サン・ミシェル。

ルルドのシュペリウール礼拝堂。

カソリック3大聖地サンチアゴ大聖堂。

サンチアゴ大聖堂ヤコブ像下の指跡。

奇怪な岩山の修道院モンセラート。

カソリック信者の多くは、聖地を巡礼する敬虔な気質を携えている。

スペインのサンチアゴ・デ・コンポステラは、エルサレムとローマに並ぶカソリック三大聖地として名高い。キリストの直弟子ヤコブの墓が九世紀に発掘されて以来、訪れる者が絶えない。

かつては、フランスのル・ピュイなど四箇所の起点から千キロもの道を徒歩で進み、ようやくたどり着くスペイン巡礼の最終地だった。長い道のりを終えて大聖堂に入った人々は、安堵してヤコブ像の立つ柱に手のひらを置いた。その場所に残る祈念を込めた指の跡が、聖地巡礼の長い歴史を物語る。

バルセロナ近郊のモンセラートは、岩山に修道院が建つ巡礼地だ。その奇観には、ガウディも魅了された。

フランスにも巡礼地は多い。マリアの泉が湧くルルドをはじめ、干満の激しい英仏海峡に突き出た島モン・サン・ミシェルや、様式の異なる左右の塔を持つ大聖堂が建つパリ近郊のシャルトルなどにも、信者が多く集まる。

51

参道

門前町の参道は巡礼者の鼓動を高め、家族への土産を売る店で賑わいを見せている。

ローマのテベレ川にかかるサンタンジェロ橋を渡って左を見ると、サンピエトロ寺院のドームが大きく迫る。訪れるカソリック信者は、聖地を間近にして敬虔な感情が高まる。五〇〇メートルほど一直線に伸びる参道コンチリアツィオーネ通りには列柱が並び、一本過ぎるごとに鼓動が増してゆく。

フランスの巡礼地ル・ピュイは、門前町の様相が色濃い。黒いマリアを祀るノートルダム大聖堂へ至る参道には、日本でも見かける孫への土産品や名産のレース編みを売る店が集まる。

マリアの啓示が万病に利く泉を導いたフランスのルルドでは、泉の水を持ち帰るために造られた大小さまざまなマリア像のボトルを売る土産品店や、巡礼者用の安宿が参道の両脇に並ぶ。

ノルマンディーの小島モン・サン・ミシェルは、もっとも近い町ポントルソンからも一〇キロ離れている。島の入口までバスを使い、そこからは徒歩でらせん状の参道を進む。沿道にはシーフードのレストランが軒を連ねる。

イギリス、カンタベリー大聖堂へ。

モン・サン・ミシェル島内の参道。

ル・ピュイの参道の土産品店。

参道でレース編みを実演する娘。

バチカン、サンピエトロ寺院へ通じる参道コンチリアツィオーネ通り。

52

墓地

公園風の敷地に並ぶさまざまな墓石と色濃い献花に心安らぎ、陰気な雰囲気はない。

チロルの山を背景に静かにたたずむインスブルックの墓地。

トラップ一家が身を潜めていたペーター教会の墓地。

ナポレオンが定めたベネチア市民の墓地サン・ミケーレ島。

アテネ郊外の墓地にはギリシア正教の白い十字架が並ぶ。

人口密度の低いヨーロッパでは、墓地も広々と造られている。公園風の敷地にさまざまな墓石が並び、陰気な雰囲気はない。朽ちた塔婆や線香の煙がないため、献花が色濃く、心安らぐ。

ウィーンでは、一九世紀に郊外の広大な敷地が中央墓地として造成された。名画『第三の男』に登場する並木道や、ベートーベンやシューベルトなど音楽家の墓が集まる区画もある。

パリのモンマルトル墓地やモンパルナス墓地も、都市整備で形成され、著名な画家や文豪たちが眠る。縁者の墓参以外は入園が制限されている。

ザルツブルクには、名画『サウンド・オブ・ミュージック』に登場する味わい深い小さな墓地がある。トラップ一家が身を潜めていたこともあるこの墓地は、七世紀建造のロマネスク様式のペーター教会前に広がっている。

ベネチアには本島から離れたところに墓地の島がある。一八世紀にナポレオンが定めて以来、市民の共同墓地として使われ、水上バスの停留所もある。

53
教会

天界に通じる教会は垂直方向を強調した尖塔を持ち、街の中心に大きく構えている。

右にロマネスク様式、左にゴシック様式の塔を持つシャルトル大聖堂。

小さな村の中心にも教会が建つ。スイスにて。

シチリア島シラクザのサン・ジョバンニ教会。

エーゲ海エギナ島の小さなギリシア正教会。

ヨーロッパでは、小さな集落にも中心には必ず教会が建っている。神の世界へアクセスする場である教会には、天を目指した尖塔がそびえ、天に向けて十字架の形に建物を構えている。

古くは、迫害の中で布教を遂行するために地下に教会が造られた。地下教会は、地下墓地として存続している。

キリスト教公認後は、ローマ風のアーチやドームによるロマネスク様式の教会建築が考案された。石造建築は窓が少なく、重々しく大きい。ドームの天井にはモザイク画が描かれている。

ゲルマン民族の移動後、北方のゴート人の技術に基づくゴシック様式の教会が誕生。聖人や聖書の情景を描いたステンドグラスが普及した結果、窓の多い壁を支える骨組が外部に露出し、繊細な装飾が刻まれた。尖塔はより高く、窓のアーチは先をとがらせて垂直方向がさらに強調されている。

一方、ギリシアや東ヨーロッパでは、東洋的な風格の漂うビザンチン様式の東方教会が盛んに建造されている。

54
祭り

宗教色の濃い質素な祭りから観光客を集める大々的なカーニバルまで、行事は多い。

ディンケルスビュールで祝われる子供の祭り。

マントンのレモン祭りのデコレーション。

スペイン、クリプターナのカーニバル用品店。

ベネチアのカーニバルでは思い思いの仮装をした人々が街をそぞろ歩く。

カソリックや東方教会の国では、キリスト教に関連する祭りが多い。プロテスタントの国でも、クリスマスやイースターは祝われる。表層を模倣する日本のような騒ぎはないが、ショー・ウィンドーは普段よりも豪華になる。

独立や戦勝記念は、国を上げて祝われる。七月一四日のフランス革命記念日はパリ祭として親しまれ、シャンゼリゼで大々的なパレードが行われる。

街の子供たちの嘆願がスウェーデンの侵略を防いだドイツのディンケルスビュールでは、子供の祭りが年中行事となっている、ロマンチック街道やメルヘン街道沿いの都市にはこのような祭りが多く、観光客を集めている。

謝肉祭のカーニバルは、観光資源の色合いが濃い。ベネチアでは、この日のために大枚をはたいて用意した仮装を着込んだ人々で、街が満杯になる。

地中海に面したフランスのマントンでは、レモン祭りが二月に開かれる。街に実ったレモンやオレンジを使ったデコレーションやパレードで賑わう。

55

泥棒

泥棒を定職とする人々が近郊の家から街に毎朝通勤し、巧みな仕掛けを路上に作る。

ローマでは、路上駐車のバイクを太い鎖でつないで泥棒対策をしている。

段ボールの下に片手を忍ばせてバッグの中味を抜き取るローマのスリ。

マドリードのグラン・ビアでは、スリをするために人だかりが作られる。

日本とくらべて、ヨーロッパの治安は芳しくない。ニューヨークの裏町で遭遇するようなホールド・アップは皆無に等しいが、泥棒、スリ、置引きの類いは頻発する。常に用心が必要だ。

ローマでは、泥棒を定職とする人々が近郊の家から毎朝通勤してくる。市民も対策には慣れていて、バイクを路上駐車する際は、太い鎖でロックする。それでも、部品は外されてしまう。

イタリアやフランスの街にはジプシーのスリも横行する。子供の集団が多く、新聞紙や段ボールの切れ端の下に片方の手を忍ばせて獲物を狙う。突然取り巻かれて、あっけにとられているうちに、バッグの中味が抜き取られる。

スペインでは、ナイフでベルトを切ってバッグをひったくる。無理に取り戻そうとすると怪我をするので、保険を頼るほうがよい。マドリードの路上で、段ボールの上で手品や賭けをしている場面に遭遇することがある。スリをするための人だかりを作る仕掛けなので、絶対に近寄らないように。

56

警官

池に足を出す人々に注意して回るのどかな警官や、親切に道を教える気さくな警官。

泥棒は多いものの、銃による犯罪や暴力行為が比較的少ないヨーロッパでは、警官には温和な表情があり、親しみやすい。道を尋ねれば親切に教えてくれるし、イギリスのように銃を携帯しない国もある。交差点では、交通整理をする女性の警官もよく見かける。

　通行人を引き寄せるマドリードのスリ集団には、警官を見張る役もいる。パトカーが来た合図に、泥棒たちは一斉に姿をくらませ、段ボールだけが取り残される。警官たちは段ボールを折り畳み、集まった人々に注意を促す。

　ローマのトレビの泉では、夏になると、地元の若者や観光客が池の中に足を投げ出してくつろぐ場面が見られる。この行為は禁止されているため、足を投げ出す人々を端から順にひとりの警官が注意をしていく。足を出すのを見届けて、時おり長話をしながらひとりずつ回るので、もう一方の端に着く頃には、もとの端では全員がまた足を投げ出している。そこで警官は、もとの端に戻って再び注意を始める。

白バイに乗って交通整理をするロンドンの警官は、銃を携帯していない。

ドイツの警察ではパトカーにBMWを使っている。ミュンヘンにて。

小国アンドラでは女性が交通整理。

陽気なイタリアの警官。ローマにて。

57

衛兵

隣で観光客が騒ぎながら写真を撮っても動じることのない機械仕掛けのような衛兵。

バッキンガム宮殿の衛兵交替は、夏は毎日、冬は1日おきに催される。

コペンハーゲンのデンマーク王室の衛兵交替。

アテネの大統領官邸の衛兵は、機械仕掛けの人形のように儀式をする。

バチカンではスイスの傭兵が警護を担当する。

イギリスや北欧三国のように女王や王のいる国には、衛兵が存在する。人形のように直立する姿と交替の儀式を披露して観光客を集めているが、万が一の際には身をもって皇室を守る。

ロンドンのバッキンガム宮殿を警護する近衛歩兵連隊は、赤い制服に熊の毛皮で作られた深い帽子で知られる。一一時半になると、新旧五連隊が軍楽隊を伴って交替の儀式を始める。イギリスでは、ウィンザーやエディンバラなど離宮や皇室ゆかりの場には衛兵が構え、交替の儀式も行われている。

デンマーク王室が居住するコペンハーゲンのアマリエンボー宮殿でも、小ぢんまりとした衛兵交替が催される。

バチカンのサンピエトロ寺院では、スイスの傭兵が法王庁を警護する。ミケランジェロがデザインしたファッショナブルな制服が、現代でも光る。

アテネでは、大統領官邸に衛兵が立つ。隣で観光客が騒ぎながら記念写真を撮っても、身動きひとつしない。厳粛な交替の儀式は、一見の価値がある。

58

パフォーマンス

大道芸人のアクロバットもストリート・ミュージシャンの演奏も、古き時代の香り。

パリのオペラ座前から東に伸びるレピュブリック広場までの通りを、俗にグラン・ブールバールと呼ぶ。ここは、大道芸人たちがパフォーマンスを見せる通りだった。現在は、ポンピドー文化センター前に場は移り、アクロバットなどの演技を自由に披露できる。

パリやロンドンの地下鉄通路は、ストリート・ミュージシャンたちのステージになっている。トリオでインディオの曲を奏でたり、バイオリン一台でバッハを流したり、多くの人々を立ち止まらせて魅了する。帽子やギター・ケースに小銭を集めているが、これは違法で、警察から退去が命じられる。中には、車内に入ってアコーデオンと歌を披露して回る人もいる。

ベネチアでは、カーニバルで気分の盛り上がった観光客にインスタントの化粧を施してひと稼ぎする美術学生もいる。ローマのナボナ広場やアントワープのルーベンスの家近くの広場などでは、スケッチ・ブックを持った画家が、通行人の似顔絵を描く場面がある。

パリのポンピドー文化センター前では大道芸人がパフォーマンスを披露。

インスブルックの金の小屋根下の仮設ステージで披露されるチロルのダンス。

イギリス、ストラトフォードにて。

ベネチアのカーニバルの化粧画家。

59

音

自動車の走行音も大聖堂のカリヨンも、路上に広がる心地よいヨーロッパの響き。

石畳を走る車の音が心地よく響く。パリにて。

ブルージュの鐘楼。

ザルツブルクの鐘楼。

ベネチアでは必ず映画『旅情』のテーマを演奏。

ミュンヘンのノイハウザー通りでバッハの曲を奏でる若者のグループ。

パリの街中にある安ホテルで眠りに就くと、昼間は気付かないさまざまな音が窓の外から入ってくる。自動車の走行音に相まって聞こえるパトカーや救急車のサイレンは、日本のそれとはまったく違う。「プパー、プパー」と結構フランスらしい音色を響かせる。

小さな街では、雨上がりの石畳に粘着する自動車のタイヤの音が爽やかに伝わる。冬の寒い明け方には、大聖堂のカリヨンが市街全域に響きわたる。

自動車の進入しないベネチアでは、静寂の路地裏に主婦たちのかん高いイタリア語が響き、ゴンドリエの歌声がこだまする。サン・マルコ広場のカフェにはステージが設けられ、タンゴやスタンダード・ナンバーが奏でられる。五回に一回くらいの割合で、名画『旅情』のテーマ曲が頻繁に流れる。

繁華街の路上では、ストリート・ミュージシャンたちが思い思いの曲を演奏し、人だかりを作っている。電気仕掛けのロックやボーカル曲よりも、生楽器でのバロック音楽が比較的多い。

60

におい

自動車の排気ガスに相まってカフェから漂うコーヒーとタバコの煙が都市の香り。

リスボンの路地裏では、昼時はイワシを焼く匂いが家々から広がる。

ローテンブルクの城壁に残る長年の煤の臭い。

モントルー近郊のシャンビー・ブロネイ鉄道。

潮の香りとドブの臭いが混ざり合うベネチア。

ロンドンでは、自動車の排気ガスとパイプ・タバコの煙を混ぜたような臭いが街の隅々にしみ込んでいる。パリのカフェには、芯まで深く煎ったコーヒー豆の香りと刺激の強い両切りタバコの臭いがミックスされて漂う。おしゃべりに花を咲かせる貴婦人たちは、香水の厚いベールで身をまとう。

石の壁にロウソクの煤がしみ込む旧市街は、蔵の中のような香りに包まれ、長い歴史を回想させてくれる。ローテンブルクの城壁やハイデルベルク城のワイン貯蔵庫では、香りが時代を運ぶ。

リスボンの下町では、昼時になると玄関先の路地に七輪のようなコンロを出し、家々でイワシを焼き始める。日本の光景に出会ったようでなつかしい。イワシは街の大衆食堂で味わえる。

スイスの山は、澄んだ空気を味わうにはこの上ない。氷河や雪解けの水で発電した電気が豊富だが、登山鉄道には小さな蒸気機関車がよく似合う。SLから出る石炭の煙と蒸気の香りが、牧歌的な雰囲気をより高めている。

61

工事中

歴史ある景観を維持するための工事の場面もまたヨーロッパの重要な景観アイテム。

インスブルックの凱旋門は足場を組んで工事。

壁面を横から支えられて辛うじて存続するグラスゴーの老朽化した建物。

今なお建設が続くガウディ設計の聖家族教会。

正面中央のアーチを修復工事している時のベネチアのサンマルコ寺院。

ヨーロッパの都市では、必ず建築物のいくつかが修復の真っ最中となっている。せっかく訪れたのに、足場が組まれてがっかりすることもある。頑丈な風格を携える石造建築は、見かけとは裏腹に風化の予防が常に必要となる。歴史を伝える景観は、頻繁に行う修復工事によって維持されている。したがって、工事の光景もまた重要な景観アイテムとして観賞に値する。

スコットランドのグラスゴーでは、街に時代ものの建物が並び、繁栄する工業都市の歴史を物語っている。重工業の衰退する現在は、斜陽の様相を隠せず、老朽化した建物を支柱で維持して、倒壊を防ぐ措置が施されている。

バルセロナには、アントニ・ガウディが生涯をかけて設計したサグラダ・ファミリア教会の建設現場がある。一〇〇年近く前から建設が始まり、完成までにあと一〇〇年必要という。すでに立つ塔にクレーンが支えられ、手作りによる大工事が、ガウディのスケッチに基づいて着実に行われている。

62

日本

節度ある景観から浮き出た日本の情報からは、恥ずかしくなるほどの商魂が伝わる。

バルセロナのサグラダ・ファミリア教会で工事をする職員のひとりに、日本人の彫刻家がいる。このような地味な場面で活躍する日本人の姿は頼もしい。ほかにも、留学や芸術の修行などで長期滞在する人、日本企業の現地駐在員、観光ガイドなど、ヨーロッパ在住の日本人は数多く、ヨーロッパの景観の中に存在を溶け込ませている。

一方、街路には、日本企業の広告や日本人観光客向けの店頭看板などの情報が突出する。節度あるヨーロッパの景観から浮き出た商魂が、恥ずかしくなるほどありありと伝わってくる。

ロンドンの繁華街ピカデリー・サーカスに面するビルの壁面では、日本企業のネオンサインがよく目立つ。現地の人にどのように映るかは不明だが、無節操な看板はすべて日本の情報と受け止められるのではと懸念される。

パリのオペラ通りには、日本人観光客が多く、通称日本人通りともいわれている。周辺には、旅行中の胃袋を刺激する日本食の店が集まっている。

ロンドンーの繁華街ピカデリーでは日本企業の電光看板がよく目立つ。

パリには立ち寄りたくなる懐かしい味を提供する日本食の店が数多くある。

ローマの裏通りでさりげなく営業している地味なカラオケ・クラブ。

63

ホテル

設備を期待するなら星の数の多いホテル、家族的な触れあいは星の数の少ない宿で。

どこの国でも宿泊施設はピンからキリまで揃っている。ランクを示す星の数は、最高級の五つ星から最も低い星なしのホテルまでさまざまで、設備や宿泊費に大きな差がある。星の数が多いほうが大味ながら快適だが、少ない宿ほど概して家族的で人情味がある。

世界中から巡礼者が絶えない聖地ルルドには、小さな街とはいえフランスではパリに次ぐ数のホテルが立ち並ぶ。多くは星の少ない庶民的な安宿だ。

スペインには、城や宮殿を改装したパラドールという国営ホテルがある。四つ星にランクされるグラナダのアルハンブラ宮殿内のパラドールは、ゆったりとした質素な空間に趣がある。

ブルージュは、近隣からも多くの観光客が訪れて、ホテルは常に満員状態となっている。市街地のホテルが一杯になると、ツーリスト・インフォメーションでは街はずれの運河に浮かぶ船の宿を紹介してくれる。脇を船が航行すると全体がほのかに揺れて、市街地に宿泊するよりも旅情を満喫できる。

ブルージュの運河に浮かぶ船を改造したホテルは、航行する船の波で揺れる。

フランスではパリに次いでホテルの数が多い聖地ルルドの通り。

アベリストウィスの木造ホテル。

アルハンブラ宮殿内のパラドール。

64

劇場

オペラやコンサートを上演する華麗な劇場も世俗の文化を反映する劇場も多種多様。

演劇やコンサートの盛んなヨーロッパでは、多くの劇場やホールが設けられている。オペラ座の前などでは、開演前になると華やかな衣装を身に着けた観客たちの人だかりで賑わう。

ウィーンには、各種の劇場が立ち並ぶ。中心的存在の国立オペラ座のほかに、ウィーン・フィルの本拠地の楽友協会ホール、俳優たちが出演に憧れるブルク劇場、大衆向けのオペラを上演するフォルクスオペラ座など数多い。

パリの中心部には、ネオ・バロック様式のオペラ座が華麗な姿で建っている。さらに多くのオペラを上演するため、バスチーユ広場に面して新オペラ座も建てられた。しかし、こちらはパリの街並みには似つかわしくない。

一方、世俗の文化を反映する劇場や映画館も多い。ロートレックが描き続けたパリのムーラン・ルージュなど、踊り子の伝統的なレビューを披露する趣豊かな劇場から、カーテンを潜って地下に降りると入場口のあるいかがわしい劇場まで、多種多様に揃っている。

バスチーユ広場のパリ新オペラ座。

ミュンヘン駅構内のポルノ映画館。

ウィーンにはオペラ座のほかに民族劇を上演するフォルクスオペラ座もある。

アテネのアクロポリスの丘にある古代劇場では、今でも野外劇が上演される。

65

アミューズメント

メリーゴーランドやパントマイム劇場など昔ながらの娯楽施設を持つ遊園地が人気。

ロンドンの川沿いにある大観覧車。

コペンハーゲンにある老舗のチボリ。

ウィーン近郊の温泉保養地バーデン。

モナコのモンテカルロにあるカジノは、昼夜賑わっている。

ウィーンのプラターは大観覧車で有名な歴史ある遊園地。

パリ郊外のユーロ・ディズニーランドは、アトラクションの待ち時間がほとんど不要なほど閑散としている。ヨーロッパの人々は、概してこのようなアミューズメントを好まない。

ヨーロッパでは、メリーゴーランドや観覧車など昔ながらの乗り物がよく似合う。縁日には広場に移動式のメリーゴーランドが仮設され、大きなオルゴールを回すピエロが登場する。

コペンハーゲンの中心に広大な敷地を持つチボリは、デンマーク人たちが心の故郷として親しんできた老舗の遊園地だ。日本人には馴染みの薄いパントマイム劇場や気軽に入れるカジノなど、施設の種類は豊富に揃っている。

モナコには、本格的なグラン・カジノが建ち、大人の社交場となっている。パリのオペラ座を設計したシャルル・ガルニエによる華麗な建物は、港を見下ろすモンテカルロの丘に建つ。

カジノは保養地にも必ずある。ウィーン郊外のバーデンは、保養施設やカジノを楽しむ温泉街として知られる。

4章 自然と地勢

アルプス上空より。

66

海岸線

真夏のビーチで太陽を浴びる老若男女は、人目を気にすることなく肌を露出する。

氷河の流れが形成したベルゲンのフィヨルド。

老若男女が自然の姿で自由に過ごすラバン島のナチュラリスト・ビーチ。

ウェールズ、マハンスレスの干潟に遊ぶ羊。

岩を砕くほど波が激しい冬の東リビエラ海岸。

ヨーロッパのビーチでは開放的に夏を満喫。ベネチアのリド海岸にて。

ヨーロッパの海岸線は、自然の姿を随所に留めている。そこでは、四季折々の光景がさまざまに展開する。

とりわけ夏には、開放的な気質が極限まで花開く。ビーチは、海水浴よりも日光浴の場として人々を集める。嫁入り前の娘から皮下脂肪過剰な中年のおやじまで、思う存分太陽を浴びるため、人目を気にせずに肌を露出する。ナチュラリストのビーチも至る所にあり、エリアの入口には、ここから先は衣類の着用は禁止との掲示板もある。

一方、冬でも内海は大方おだやかで、エーゲ海の島では泳ぐ人も見かける。フランスのコート・ダ・ジュールからイタリアのリビエラにかけては、西側は穏やかな海岸が多いのに対して、東側には荒々しい岩場の光景が続く。

イギリス海峡に面したフランスの海岸やセント・ジョージズ海峡に面したイギリスの海岸は、干満の差が激しく、干潮時には広大な砂地が出現する。ウェールズのマハンスレス近くの入江では、干潟で羊が遊ぶ光景も見られる。

67
川

雪解けの水に始まり、時には国境となり時には都市を貫く川には明媚な景観がある。

ドイツ・ワインの原料となるブドウ畑が斜面に広がるモーゼル川。

ドイツの山中から流れ出るドナウ川の源流。

ベートーベンの散歩道の小川。ウィーン郊外。

セビリャ市内のグアダルキビール川と税関として建てられた黄金の塔。

スイスとリヒテンシュタインの国境ライン川。

ほとんどの都市は、川の周辺に成立している。パリのセーヌ川やロンドンのテムズ川のように観光船や定期船の航行する川も多く、フィレンツェのアルノ川やポルトのドゥロ川のように趣豊かな橋を懸ける川も多い。また、ウィーンでは、市内を貫いていたドナウ川本流を郊外に迂回させ、市内に残る旧流を運河として機能させている。

ウィーンから東に進むドナウ川は、ハンガリーのブダペストやセルビアのベオグラードを通って黒海に達する東欧随一の大河だが、源流はドイツにある。スイスとの国境に近い黒い森地方で、雪解けの水が小川となる。

ドイツを貫くライン川は、スイス山中に端を発し、リヒテンシュタインやオーストリアとの国境となってボーデン湖に注ぐ。その先はスイスとドイツそしてフランスとドイツとの国境とされ、最後はオランダから北海に出る。ライン川や支流のモーゼル川流域の斜面にはぶどう畑が広がり、古城が点在する明媚な景観を形成している。

68

丘

街にそびえる丘はシンボルとして親しまれるもっともヨーロッパ的な景観アイテム。

丘という意味の聖地ル・ピュイには切り立った岩の丘がそびえている。

旧市街を見下ろす丘に建つハイデルベルク城。

丘上都市アッシジへは駅前からのバスで登る。

アテネの街中にそびえるリカベトスの丘。

丘は、日本では新興住宅地の町名によく使われている。ひと昔前には、丘という日本語自体にヨーロッパ風の響きを感じる人も多かった。それだけに、ヨーロッパでは何の変哲もない丘にも、味わい深い景観を窺える。

丘がそびえる姿は遠くからも眺められ、丘の上からは街が全貌できる。教会の塔と同じ街のシンボルであり、土地に昔から存在していた自然の地形であることに教会とは別の価値もある。

フランスのル・ピュイは、その地名自体に丘という意味がある。周辺の土地には垂直方向にそびえ立つ奇怪な岩山が多く、街の中心部でも、マリア像の立つロシェ・コルネイユと礼拝堂の建つロシェ・サン・ミシェルという切り立った岩の丘が天を目指している。

イタリアのトスカーナ地方やウンブリア地方には、丘の上に都市を築いた丘上都市が点在し、中世以来の景観を継続している。アッシジやペルージアはその代表で、サン・マリノは都市国家として独立している丘上都市だ。

69

農牧地

牛や豚は広大な土地で悠然と育ち、畑には太陽の恵みを得た作物が豊富に実る。

ウェールズの牧羊地には石積みの柵が連なる。

イギリスの豚は、広大な農地に距離を置いた1頭ずつの小屋で養育される。

SLの汽笛にも驚かず草を食むオランダの乳牛。

乾燥したスペインの農地に広がるオリーブ畑。

イタリアには糸杉が並び、夏になると農地ではひまわりが満開に咲く。

ヨーロッパではどんな都市でも、外に向かって鉄道や自動車で一〇分も走れば、広大な田舎の風景が車窓に展開する。ロンドンやパリでさえ、自然を豊富に残す農牧地が周辺を取り巻く。

ロンドンの南部には荒れ地が多い。また、北部には、なだらかな起伏の農地に住宅が点在する絵のような田園風景が展開する。さらに北上してヨークシャー地方に入ると、草原にカマボコ状の小屋が並ぶ光景が続く。小屋にはそれぞれ一頭ずつ豚が入り、悠然と草を食む。日本の豚小屋とは大違いの光景だ。のどかに育った豚は、ストレスもなくさぞ肉も柔らかいことだろう。

オランダの乳牛も、広々とした干拓地で悠々自適の暮らしぶりだ。ホールン・メデムブリック鉄道のSL列車が近くを走っても、逃げる気配もない。

畑には、太陽の恵みを得た作物が豊富に実る。夏のイタリアでは、糸杉の並木で分割された農地にひまわりが一斉に咲き、スペインでは、乾燥した丘陵にオリーブの低木が延々と広がる。

70

湖

北欧には、氷河によって掘られた湖が点在し、風光明媚な大自然の景観を形成する。

フィンランド、ヘメエンリンナ郊外の湖。

氷河が形成したメーラレン湖はストックホルム市内から周辺に広がる。

アルプスの山々を水面に映すブリエンツ湖。

交通の要衝スイスのシュピーツ駅前に広がるトゥーン湖の雄大な眺め。

風光明媚なイタリア湖水地方に広がるコモ湖。

太古の時代、北欧の大地は厚い氷河で覆われていた。氷河は、年間数ミリという気が遠くなるほどスローな速度で流れ、その重みで峡谷を掘り、海岸線に奥深いフィヨルドを形成した。湖も氷河によって掘られ、フィヨルドと同じくアメーバのように複雑な湖岸ができ上がった。森の中に湖が入り組む様子は、もっとも北欧らしい景観だ。

　北欧のベネチアとも呼ばれるストックホルムでは、市街の中央に川のようなメーラレン湖が入り組む。湖は東のバルト海から西の山間部まで続き、他の湖とも運河でつながっている。

　スコットランドの地形も、北欧と同じく氷河が育んだ。恐竜伝説で有名なネス湖や民謡に歌われるローモンド湖など、大自然の光景が随所に迫る。

　スイスやイタリア北部にも、アルプスの雪解け水を溜める湖が点在する。アルプス登山の中継基地インターラーケンは、ドイツ語で湖の間という意味の地名で、街の東にはブリエンツ湖、西にはトゥーン湖が広がっている。

71

滝

水しぶきを上げて落下する瀑布の壮観は、迫力ある観光名所として人々を魅了する。

イギリスでは希少のデビルズ・ブリッジの滝。

しぶきを上げるシャフハウゼンのラインの滝。

ユングフラウヨッホへ向かう列車から見えるラウターブルンネンの滝。

スイスのインターラーケン・オスト駅から出るベルナー・オーバーラント鉄道で、西回りの列車に乗ると、二〇分ほどでベンゲルンアルプ鉄道への乗換駅ラウターブルンネンに到着する。ラウターブルンネンとは、澄んだ泉というドイツ語で、村に迫る岩壁から滝が流れ落ちる名所として知られる。乗り換えた列車がアプト式の急勾配を登り始めた頃、車窓に華麗な姿を表す。

アルプスに端を発するライン川は、一度ボーデン湖に溜り、やがて幅を広げて再び大きく流れ始める。スイスでも指折りの観光地ラインの滝は、シャフハウゼンの市街で大きくカーブした後、しぶきを上げた壮観を披露する。

国土が平地のイギリスでは、滝は希少の存在だ。ウェールズのアベリストウィスからイギリス国鉄が運営するレイドルバレー鉄道のSL列車で終点のデビルズ・ブリッジまで行くと、周囲は山間の景色となる。ハイキング・コースを進み、悪魔が懸けた伝説の橋を渡ると、水のざわめきが迫りくる。

72

島

大型フェリーに列車を積んで往来する大きな島から一本道の中洲までさまざま。

イタリアのマッジョーレ湖畔ストレーサの沖に浮かぶ美しいボッロメ島。

セーヌ川中洲の散歩道アレー・デ・シーニュ。

巨大なカメが海から出現したような島。西リビエラ地方アラッシオ沖。

パピルスが自生するシチリア島のシラクザ。

一島全体で一国を形成しているアイスランドや、島内に国境のあるアイルランドなど、ヨーロッパの島は、それぞれにユニークな様相をもっている。

デンマークは、大陸から突き出たユラン半島とその東側に点在する島々から成り、首都のコペンハーゲンはシェラン島にある。主要な島には鉄道も敷かれ、海峡を渡る大きな橋や、大型フェリー内に列車を積んで輸送するダイナミックな交通手段に特徴がある。

イタリア半島南端から狭い海峡を隔てて位置するシチリア島にも、イタリア国鉄のフェリーが就航し、ローマからの直通列車を船上に乗せて運ぶ。

一方、海上や湖上の小島には、静かなリゾート地も多い。コート・ダ・ジュールのラバン島のように、ナチュラリスト専用ビーチの広がる島もある。

川の中洲も味わい深い。セーヌ川の中央に浮かぶシテ島とサン・ルイ島は、パリ発祥の原点として歴史的景観を留めている。エッフェル塔の下では、二本の橋の間を一本の散歩道が結ぶ。

73

山岳、岩

聞き覚えのあるメロディーに導かれて甲板に出ると、そこにはただの大きな岩が。

真夏にも根雪が残るロートホルン山へは麓のブリエンツからミニSLで。

ハイネの詩で有名なローレライは普通の岩。

『風の谷のナウシカ』の舞台のような光景が広がるクエンカの岩場。

ディオニソスの耳と呼ばれるシラクザの奇石。

ドイツのマインツから出るライン川の観光船は、河岸の景色を眺めながらゆっくりと川を下る。船内には、モーツァルトの曲が流れ、旅の趣を盛り上げる。最初は甲板に出ていた人々が風を避けて船内でくつろぎ始めた頃、音楽は突如なつかしい歌曲の一節に変わる。人々は再び甲板に急ぐが、どれがローレライ？と疑いたくなるほど、岩は普通で、ただ大きいだけなのだ。

スペインのラ・マンチャ地方には、赤土の大地に草木の少ない岩山が点在する。アランフエスからバレンシア方面に抜ける街道沿いのクエンカは、奇怪な岩に囲まれた街だ。岩盤に不安定な建物が乗った旧市街の向かいには、筍のように垂直に育った岩が並ぶ。

スイスでは、岩山への登山鉄道が充実し、気軽に絶景を楽しめる。ロートホルン山は、ブリエンツから出ているSL列車で約一時間。最初は森の中を進み、草原を経て、雪渓の残る岩場の山肌へと至る。山頂の駅は、切り立った崖の上で、スリル満点の味わいだ。

74

雪、氷河

豪雪地の民家には軒の深い急勾配の屋根が乗り、床下に大量の薪が貯えられる。

オスロからベルゲンへ向かう途中には夏でも山肌の凍る光景が連なる。

ノイシュバンシュタイン城と民家の雪景色。

標高3454mのユングフラウヨッホは夏でも冬山のような氷河の光景。

スイスの氷河急行沿線には雪崩避けの柵が。

スイスのインターラーケン・オストから、途中のラウターブルンネンまたはグリンデルワルトで乗り換えて、クライネ・シャイデックまで列車で登ると、アイガーの北壁が目前に迫って見える。ここでさらに次の列車に乗り換え、しばらく進むと、北壁に掘られた岩肌の露出するトンネルに包まれる。

トンネル内には、対向列車とすれ違うための信号所が二箇所あり、登りの列車は一〇分ほど停車する。その間、乗客は列車から降りてトンネル内の細い道を進み、北壁の内部から窓越しに麓を見下ろすことができる。最初の信号所ではグリンデルワルトの村が、そして次の信号所では一面の氷河を内側から堪能できる。終着のユングフラウヨッホもトンネルの中にあり、外には真夏でも冬山のような光景が広がる。

豪雪地に建つ民家には、軒の深い急勾配の屋根が乗っている。床下には夏の間から薪を大量に貯え始め、集落に沿った山の斜面に、雪崩避けの柵を設置して、冬の準備を万全に整える。

75

国境

EUの統合で国境での検査は省略され、隣国への入国に気付かないこともある。

ベルギーから入るバールレ・ナッソーの商店。

コンスタンツの街中にあり市民が往来するドイツとスイスとの国境。

アーヘンの森にあるベルギーとの国境の石。

ローマ市内とバチカンとの間には両国を隔てる白い柵が設置されている。

ヨーロッパでは、アイスランド以外の国はすべて他国と国境で接している。アイルランド島内には、南のアイルランド共和国とイギリス領の北アイルランドとの国境がある。国境ではパスポートの提示などが必要となるが、EU内では手続きが省略されている。

列車では、国境駅で両国の警察官が乗り込んでパスポートをチェックすることもある。寝台列車では、車掌にパスポートを預ける必要があるが、眠っている間に国境は通過してしまう。

自動車や徒歩の場合は、国境のゲートでパスポートを提示する。大方は、何も調べられずにオーケーとなる。

時には、国境の線が明確ではないこともある。ローマ市内にある独立国バチカンの国境に気付く人は少ない。

オランダにあるベルギーの飛び地バールレ・ナッソーは、市内にさらにオランダの飛び地が複数あり、その中にもさらにベルギーの飛び地が点在する複雑な街。路上には随所に国境線が引かれ、人々は自由に両国を行き来する。

76

小国

大国の間にはさまれた小国は、免税店やカジノに集まる観光収入で国費を潤す。

バチカンに次ぐ小国モナコは、岬周辺の旧市街と高層ビル街から成る。

リヒテンシュタインの市街とファドゥーツ城。

スペインのアルヘシラスからモロッコへ渡る船から眺めたジブラルタル。

山頂の城塞を取り巻くサン・マリノの中心街。

一九二九年にイタリアから独立したバチカン市国は、面積四四ヘクタールの世界最小の国家だ。人口約一〇〇〇人の国民すべてがローマ教皇庁に従事する。貨幣も切手も独自に発行し、ローマ市内のサン・ピエトロ駅からは、生活物資を一日一便運行するバチカン国鉄の貨物路線も敷かれている。

次いで面積の狭いモナコは、バチカンの約四・五倍。フランス国鉄が運営するモナコ・モンテカルロ駅周辺の旧市街と、国営のグラン・カジノを囲む高層ビル群を中心に街が広がる。

ヨーロッパで最も知名度の低い独立国は、フランスとスペインにはさまれたピレネー山中のアンドラだろう。ヨーロッパのデパートと称されるほど免税店が並び、冬はスキー客で賑わう。

イギリス領のジブラルタルは、ヨーロッパで唯一独立していない。スペインのアルヘシラスからバスが出ているが、以前は国境が閉鎖され、対岸のモロッコへ一度渡ってから、再びフェリーで戻らないと入国できなかった。

5章 建築物

パリの裁判所中庭にあるサント・シャペルのステンドグラス。

77

窓

建物の目に相当する窓辺には、心地よい視線で景観を味わう配慮が行き届いている。

パリの屋根裏部屋の窓から外を眺めた光景。

木造建築の窓枠が白く塗られた名産のレース編みの店。ブルージュにて。

白壁に花が映えるコルドバのユダヤ人街の窓。

窓辺に赤い花が置かれるチロル地方の民家。マイヤーホーフェンにて。

人に接する際に相手の瞳を見るように、建物を前にすると、自然に窓辺の様子を窺ってしまう。そして、窓辺に味わいがあれば、室内から眺める外の景色も深みを増す。窓は、内と外とをつなぎとめる建物の目に相当する。

オーストリアのチロル地方やスイスの山村には、軒の深い木造民家が並ぶ。素朴な彫刻を施した無着色の壁板と対比するように、窓辺に置かれた赤い花が鮮やかな景観を構成する。村によっては花の種類を条例で定め、窓拭きの日まで義務付けている。住民たちは制約を煩わしく思うことなく、観光資源としての街並みを誇りとしている。

コルドバやセビリヤなどスペイン南部の旧市街には、室内の温度が上昇しないように小さな窓と白壁で構成された街並みがある。窓辺には色鮮やかな花の鉢を並べ、丹念に水を与えている。

レンガ造や木造の建物が並ぶオランダやベルギーでは、窓枠のみを白く塗って景観を引き締める。窓枠の色を赤や緑などに統一している街もある。

78

屋根

おとぎの国のような雰囲気をかもし出す屋根は、人々の努力と誇りで形成される。

ザッチュと呼ばれるイギリスの草葺き屋根。ワイト島シャンクリンにて。

赤い瓦で統一されたローテンブルクの屋根。

トゥルッリと呼ばれる風変わりな屋根の乗ったアルベロベッロの民家。

メデムブリック駅前のオランダ屋根の教会。

ヨーロッパの建築物には、急勾配の屋根が乗り、平らな屋根は少ない。

パリの街路には、戦前の日本が商店建築に模したマンサール屋根の建物が続いている。上階には二段構えの勾配が付けられ、屋根裏部屋の窓が並ぶ。

オランダやベルギーには、たて長で幅の狭いオランダ屋根を施した建物が多い。背後に無装飾の屋根を置き、正面は仮面のように装飾されている。

イギリスには、ザッチュという草葺き屋根の家がある。窓の上を曲線で仕上げた絵のような表情が味わい深い。

イタリアのプーリア地方には、かわいらしい石積みの屋根が乗った民家の集まる村がある。トゥルッリと呼ばれる屋根と白壁が連なる家並みは、ヨーロッパ離れした雰囲気をかもし出す。

ローテンブルクのように、同色の屋根瓦で景観を統一する街も多い。戦災で壊滅した際も、人々が瓦礫を集めて街並みを再現した。新築や改築では、古い街並みに合わせる義務があり、住民はそれを誇りに感じている。

79

アーケード

建物自体に設けられたアーケードは、明るい大天井が両側の老舗店を引き立てる。

ロンドンのピカデリーに面した建物には、内部を貫く古めかしいアーケードが多い。そこには、老舗の店が並び、買い物をする老紳士の姿が絵になる。

パリのリボリ通りには、窓の形や壁面の表情を統一した建物が並び、向かいのルーブル美術館の側面に合わせた風格を保っている。地上階部分は、まっすぐに伸びるアーケード街になっていて、免税店や土産物店が集まる。

ミラノのピットリオ・エマヌエーレ二世ガレリアは、左手に構えるゴシック様式の大伽藍と双壁の迫力でドゥオモ広場に建っている。一九世紀に完成したこのアーケードは、十字架状の通路の上にガラス張りの鉄骨アーチを乗せて、大空間を演出している。両側には高級レストランやブティックが並び、夜遅くまで道行く人が絶えない。

ブリュッセルでは、アーケードをギャラリーと呼ぶ。ヨーロッパで最も由緒あるアーケードと称されるギャラリー・サンテュベールでは、重厚な建物内を明るいガラス天井の通路が貫く。

ロンドンの中心街ピカデリーにある老舗のピカデリー・アーケード。

ヨーロッパで最も由緒あるブリュッセルのギャラリー・サンテュベール。

ルーブル美術館前のアーケード。

ミラノのエマヌエーレ2世ガレリア。

80

アーチ

ナポレオンの命によるパリの凱旋門は、古代ローマ期のアーチを手本としている。

アーチは、メソポタミアに由来する。アーチを三六〇度回転したドームとともに、石造による大空間の構造体として、古代ローマ期から活用されてきた。ローマのコロセウムには三層のアーチ窓が並び、隣には紀元三一二年建造のコンスタンティーノ凱旋門が建つ。キリスト教がローマで公認されると、アーチの窓はロマネスク様式の教会に使用された。北方から伝わったゴシック様式の教会では、先端をとがらせて、天を目指す表現をより強調した。

パリのシャルル・ド・ゴール凱旋門は、一九世紀にナポレオンの命によって建造された。ギリシアやローマの古典建築を手本とする新古典様式の建物が多く築かれた時代の産物である。

この凱旋門に対向して建つデファンスのグラン・アルシュは、二〇世紀末のポストモダン建築で、逆Uの字のアーチ構造はもはや超克されている。

そのほかパリでは、地下鉄駅入口のゲートにも、一九世紀末のアール・ヌーボー期のアーチが使われている。

パリの地下鉄アベス駅のゲート。

ケルン大聖堂のゴシック・アーチ。

デファンスのグラン・アルシュ。

ド・ゴール広場に建つ凱旋門。

コロセウムの脇に建つ古代の浮彫りが鮮明に残るコンスタンティーノ凱旋門。

81

ファサード

見栄えのよいファサードが、背後の造りを隠す仮面の役割をする場合も多い。

均整のとれたサンタ・マリア・ノベッラ教会はルネサンスの巨匠アルベルティ設計。

背後は粗野な仮面のファサード。

スイス、シャフハウゼンの騎士の家。

タイル壁画のあるポルトの教会。

ブリュッセル、グランプラスのオランダ屋根。

ファサードとは、フランス語で建築物の正面のこと。フェイスと同じ語源で建物の顔に相当する。ヨーロッパ建築の顔にはさまざまな表情があり、化粧もすれば仮面を装うこともある。

イタリアのフィレンツェ中央駅に背を向けて建つサンタ・マリア・ノベッラ教会は、清楚なルネサンス様式の表情をもつ。しかし、ファサードは三〇センチ程度の薄い仮面で構成される。

オランダやベルギーにはオランダ屋根と俗称される仮面のファサードがある。街路に面した建物の幅に応じて税金が課せられた時代に考案された。間口の狭い細長い壁面には、成り金趣味の装飾が施されている。過剰な装いの屋根で見栄を張る商家の表情からは、台頭する近世商人の根性を窺える。

ドイツ・アルプス麓のオーバーアマガウは、住民全員でキリスト受難劇を演じる信仰深い村。各家の外壁には聖書にちなんだ絵が描かれている。ドイツやスイスの山村には、こと細かな壁画を掲げた木造民家が多い。

82

だまし絵

ユーモアに長けた壁面のレリーフや、壁面を保護するペインティングなど多彩。

一七世紀の大火以降、ロンドンにはレンガ造の建物が並ぶ。現在は、排気ガスによる老朽化が激しいものの、日本のような無駄な建て替えを好まない国民性から、レンガの表面を着色する発想が生まれた。着色は次第にエスカレートし、ポップな文字や絵を描いた壁面も登場するようになった。

インスブルック市街には、巧妙なだまし絵の家が建っている。古びた壁面に浮彫りの柱や窓回りの装飾がリアルに描かれ、よく見ないと気付かない。

ルネサンス期には、あらかじめだまし絵を仕込んだ建物も築かれた。マウロ・コドゥッシが設計したベネチアのサン・マルコ信者会の建物の壁面には、玄関の両脇にアーチの通路が並行するようにレリーフが彫られている。

ミラノには、紳士や貴婦人が窓辺から街路を見下ろしている建物がある。幽霊のようで驚くが、一階の絵が効果を半減させてしまう。一方、ローマには、玄関で恐ろしい顔が口を開く建物がある。魔除けの彫刻といわれている。

壁に柱をリアルに描いた建物がインスブルック市街にさりげなく建っている。

ローマにある恐い顔で威嚇する家。

窓に人の姿を描いたミラノの建物。

奥行を錯覚するレリーフが施されたサン・マルコ信者会は15世紀の建物。

83

木造建築

垂直方向が歪んだまま柱を半分壁面に露出した背の高い木造建築が街路に並ぶ。

木組みのシェークスピアの生家。

オスロの民家園に残る木造の教会。

ハーメルンの裏通りには、不安定に見えて実は頑丈な木組みの家並みが続く。

対照的な2件の家。ルーアンにて。

軒の深いスイスMOB鉄道の駅舎。

木材の豊富な山間部や北部には、木造建築がよく似合う。釘を使わない伝統的な木組みの建物が多く、垂直方向が歪んだままの状態で五階以上の背丈を保ち、景観に迫力を添えている。

オーストリアのチロル地方やスイスの木造建築は、勾配が急で軒が深い。柱やバルコニーには凝った装飾が彫れ、窓枠や雨戸には壁面の地色とは対照的な彩色が施され、窓辺の花とともに鮮やかな景観を演出している。民家のみならずホテルや駅にも木造建築は多く、重厚な姿で年輪を重ねている。

オスロの民家園に建つ木造の教会には、垂直方向を目指すゴシック様式の原形の風格が色濃い。この伝統を受け継ぐイギリスでは、ハーフ・ティンバーと呼ばれる浮彫りの柱を極端なほど縦長に配して壁面を構成している。

一方、ドイツの民家には縦長の壁はなく、柱を斜め方向にも入れた構造が多い。フランスのルーアンの広場には、イギリス風の縦長の家と大陸風の筋交い入りの柱を配した家が並んでいる。

84

石造建築

細かい彫刻を施した大聖堂から素材を活用した無装飾の壁面まで表情はさまざま。

鋭い尖塔からゴシック・アーチの彫刻まで石造のミラノのドゥオモ。

ウェールズ、スランデュドノの石積みの教会。

ウィーンのミヒャエラー・ハウスは大理石製。

ビンチ村にあるレオナルド・ダ・ビンチの生家は小さな石積みの家。

バルセロナに再建されたドイツ・パビリオン。

石は、木とともに古代から伝わる建築材料だ。大きな建物の多くは石造で、南欧では民家も石で造られている。

フィレンツェとピサの間に位置するエンポーリからバスでビンチ村に入り、さらに徒歩でブドウ畑の小道を進むと、レオナルド・ダ・ビンチの生家が見えてくる。小さな石をこぎれいに積んだ狭い家に、窓はほとんどない。

モダニズム建築家三大巨匠のひとりに数えられるミース・ファン・デル・ローエは、ドイツのアーヘン近郊の石工の家に生まれた。バルセロナに建つドイツ・パビリオンは彼の設計で、大理石とガラスによるシンプルな構成が一世を風靡した。ポストモダンの新奇な表現が登場するまで、二〇世紀前半のモダン建築の手本とされていた。

ウィーンでは、やはり石工の家に生まれたアドルフ・ロースが装飾を批判し、大理石の模様を活用したミヒャエラー・ハウスを設計した。しかし、一九世紀末の装飾過剰な景観の中で育った市民からの支持は少なかった。

85
レンガ造建築
戦前の日本が洋風建築のモデルとした古き良き時代の建物は今でも現役の健在ぶり。

ビートルズにゆかりの深いリバプールにあるレンガ造の集合住宅。

赤レンガ倉庫のようなローゼンダールの駅舎。

17世紀の大火以来、ロンドンではレンガ造建築を建造するようになった。

日本の戦前建築の原形。マーストリヒトにて。

ロンドンは、リバティ・デパートなどに現存するような木造建築が密集していた街だった。ところが、一七世紀に、一軒のベーカリーからの出火が、またたく間に街を炎で包んでしまった。出火跡にはモニュメントと呼ばれる教訓の碑が立てられ、以降は建物をレンガで建設するように定められた。

イギリスのレンガ造建築には、隣家と壁でつながった長家のような集合住宅が多い。何棟も建ち並んだ丘陵の光景は、ロンドン郊外や地方に建設された典型的な田園都市の姿といえる。

オランダでは、駅や銀行などの公共建築がレンガで造られている。窓の周囲を白く塗装したり、石を一部使用したりしてアクセントが施されている。

このような建物には、古き良き時代の風格がある。日本にも多く存在していたが、現在はほとんど解体されてしまった。辛うじて解体を免れた東京駅丸の内口駅舎は、アムステルダム中央駅をモデルとしているが、本家はまったく健在で、現役の姿を留めている。

86

遺跡、古典建築

幾何学的な均整美を表出するギリシア建築はローマ建築よりも古い正統な古典建築。

トラファルガー広場に建つネルソン提督の碑。

コリントスの丘に静かにたたずむアポロン神殿は紀元前6世紀の建造。

パリのマドレーヌ寺院は新古典様式の建物。

アテネ市街にそびえるアクロポリスの丘に建つ白亜のパルテノン神殿。

ギリシア建築は、古代エジプトに端を発する。重い石の梁を支える列柱と、ペディメントと呼ばれる二等辺三角形の屋根による正面の形状に特徴がある。幾何学的な均整を追究した姿からは、抜かりのない清楚な美を窺える。

紀元前五世紀に建設されたパルテノン神殿は、アテネのアクロポリスの丘に建ち、夜にはライト・アップされて優美な姿で街を見下ろす。周囲には、破損した石の部材が無造作に転がって、遺跡の景観がより演出される。

一方、パリのマドレーヌ寺院は、古代の遺跡ではない。一九世紀にナポレオンが建設した。このようなギリシア風の建築は、考古学が誕生した一八世紀以降に数多く復活した。遺跡を学術的に調査した結果、ルネサンス期に回帰されたローマ建築よりもさらに古い建築であったことが判明。ギリシア建築が正統な古典建築として崇拝され、新古典様式の建築が誕生した。日本でも、以前は銀行の正面などに列柱が並んでいたが、現存する数は少ない。

87

ドーム

大空間を包むドームはメソポタミアからローマを経てルネサンスの実験で完成した。

ル・ピュイのノートルダム大聖堂。

アーヘンのカール大帝宮廷礼拝堂。

フィレンツェにそびえるドゥオモ。

サン・ピエトロ寺院の内部天井画。

紀元前25年建設のローマのパンテオンには、天井に穴の空いたドームが乗る。

アーチを三六〇度回転するとドームができる。このような力学的な構造は、メソポタミアからローマに伝わった。

ローマのパンテオンは、紀元前の建物とは思えないほど当時の姿を留めて路地裏にたたずんでいる。ギリシア風の正面の背後には、中央に穴の空いたドームが包む大空間の聖堂がある。

キリスト教が公認されると、教会をローマ風に仕上げたロマネスク様式が考案された。フランク王国の首都アーヘンには、不安定なドームを乗せたカール大帝宮廷礼拝堂が残っている。ル・ピュイのノートルダム大聖堂では、十字架状の聖堂にドームが乗る。

ゴシック様式の時代にはドームが減少したものの、ルネサンス期に入ると、キリスト教以前のローマに回帰する気運から、再びドームが復活した。フィレンツェのドゥオモは、フィリポ・ブルネルスキの実験から生まれた。のちにバチカンのサン・ピエトロ寺院のドームを設計したミケランジェロは、ブルネレスキの影響を強く受けている。

88

塔

塔は教会のシンボルとして、はたまた権力や富の証しとして雄々しく天を目指す。

ベルファストに建つ時計塔。

ネオ・ゴシック様式のウィーン市庁舎。

ピサ大聖堂の脇に建つ白亜の斜塔。

ベネチアのブラノ島にもある斜塔。

中世には72本もの塔が建っていたサン・ジミニャーノに現存する13本の塔。

塔は、天と地を結ぶ教会のシンボルとして欠かせない。ゲルマン系のゴート人の技術に基づくゴシック様式の塔は、一二世紀のフランスに始まる。パリのノートルダム寺院やシャルトル大聖堂の新塔など、天を刺す鋭い形状は、前に立つ人の意識を垂直方向に導く。

ウィーンやミュンヘンの市庁舎やロンドンの国会議事堂などは、ルネサンスや新古典様式が隆盛した後に出現したネオ・ゴシック様式の建物である。

イタリアには、ゴシック以前のロマネスク様式の塔も多い。ピサにある有名な斜塔は、一二世紀に建設を始めて一〇〇年以上の歳月を経て完成したが、地盤沈下のために工事の途中から傾斜が始まり、現在も進行中だという。斜塔はベネチアなどでも見られる。

塔の都と呼ばれるフィレンツェ近郊のサン・ジミニャーノには、一三本もの塔が密集する。領主が権力の象徴として塔を建てたのを契機に、他の富豪もより高い塔を競い合って建設し、とうとう七二本にまで達してしまった。

89

宮殿

ルネサンスに花開く芸術性は常に変化を求め、やがて貴族趣味の過剰な装飾に至る。

宮殿の多くは、キリスト教が力を弱めたルネサンス以降に建設された。垂直方向を強調したキリスト教の様式に対してルネサンスの様式は、地上の人間こそ中心とすべきことを示すように安定した形状で水平方向を強調した。

しかし、常に新たな芸術性を追究するルネサンスの精神は、安定した表現からの脱皮を目指し、変化に富んだ動きの激しいバロック様式の表現に至った。バロックとは、歪んだ異形という意味で、当初は否定的に使用された名称である。ローマにあるトレビの泉や背後のポーリ宮殿のように、今にも動き出しそうな彫刻で人々を圧倒した。

地上の人間が中心といっても、宮殿は、王侯貴族のためだけに存在している。それだけに、富は過剰な装飾を導いた。ベルサイユ宮殿の鏡の間は、フランス革命で市民から終止符が打たれるほど華麗な装飾で、権力をほしいままにしている。デコレーション・ケーキのような姿のロココ様式は、フランスのバロック様式から生まれた。

ベルサイユ宮殿の鏡の間には金の装飾で縁取られた鏡とシャンデリアが並ぶ。

あふれるようなバロック様式の装飾が室内に施されるシェーンブルン宮殿。

彫刻が動き出しそうなトレビの泉。

ロココ様式のヘルブリング・ハウス。

90

庭園

宮殿の背後には幾何学模様に花を並べた花壇や自然の森を生かした庭園が広がる。

庭園は、宮殿とともに発達した。宮殿の背後には、緑の芝生の上の赤や白の花を幾何学模様のようにあしらった刺繍花壇とも呼ばれるフランス式庭園が最初に展開する。それを囲んで自然の森の姿を生かしたイギリス式庭園が広がり、時には、斜面を利用した噴水の並ぶイタリア式庭園も附随する。

ベルサイユ宮殿の庭園は、名造園家といわれるアンドレ・ル・ノートルが手掛けた。刺繍花壇の背後に十字架状の運河を中央に配した森が広がり、二棟の離宮や農民を模倣した生活に没頭するマリー・アントワネットが使った箱庭のような田舎家が建っている。

ウィーンのハプスブルク家が使用した夏の離宮シェーンブルン宮殿では、背後にローマ風の廃墟が建つ。朽ちゆくものを眺めて感傷にふける貴族好みの美が莫大な富で演出されている。

一方、狭いながらも民家でも、ガーデニングは抜かりない。南欧には、パティオと呼ばれる中庭を持つ集合住宅も多く、タイルの床に植物が置かれる。

ベルサイユ宮殿の背後に広がるフランス式庭園の花壇とイギリス式庭園の森。

シェーンブルン宮殿には花壇や森のほかに丘の上にローマ風の廃墟が建つ。

コルドバのユダヤ人街のパティオ。

アルハンブラ宮殿内の広大な庭園。

91

噴水

夏の噴水は人々が素足を投げ出し、時にはビキニ姿で親子が水浴びもするオアシス。

グラナダのアルハンブラ宮殿内にある夏の離宮ヘネラリフェの噴水。

オスロのフログネル公園にある大きな噴水。

パリのフォーラム・デ・アール脇の噴水。

トレビの泉では噴水の池に人々は足を出す。

グラナダのアルハンブラ宮殿には、城塞や王宮に並んで緑豊かな庭園が広がる。こぎれいに葉を刈り込んだ植木や、鮮やかな花壇の間に置かれた噴水が、人々の心を潤してくれる。東に続く小道を進むと、本宮殿から二〇〇メートルほどの距離なのに、夏の離宮ヘネラリフェがある。植物はさらに色濃く、噴水もよりダイナミックな様相で、訪れる者の気持ちを新鮮にする。

とりわけ夏の噴水は心和むオアシスの機能を備えている。ローマのトレビの泉やパリのフォーラム・デ・アールの水辺では、素足を池に投げ出してくつろぐ人々の姿が絶えることはない。時おり、足を投げ出す人々を警官が注意して回るのどかな場面も見られる。

オスロ郊外のフログネル公園の噴水では、水浴びをする親子も多い。大胆にも若い主婦が突然子供と一緒に服を脱ぎ始め、ビキニ姿になって噴水の池に入っていく様子に、自由な文化気質を窺える。おそらく警官もおざなりの注意をして回っているのだろうが。

92

城、要塞

堅い岩盤に乗った強固な城郭は四方を見渡せる要塞ともなり、華麗な姿でたたずむ。

十字軍が一一世紀に東方の築城技術を獲得して以来、ヨーロッパの城郭は堅固になった。キープあるいはドンジョンと呼ばれる天守閣は木造から石造に替り、櫓や城門が強化された。各地に現存する城の中には、今でも所有者が居住する場合もあるが、多くは博物館となって一般公開されてもいる。

モナコの大公宮殿に置かれた砲台。

岩場に建つルクセンブルクの城塞。

フランスの城郭都市カルカソンヌは、二重の城壁を丘の上に囲って頑丈なガードを固めている。城門内のシテ・ド・カルカソンヌには、最も古い旧市街があり、民家が軒を並べる。中心に建つ内城からは、四方を見渡せる。

マドリードの北に位置するカスティーヤ地方のセゴビアは、街全体が船のような形の丘にある。終端に続く水道橋とは反対側の先端に、要塞アルカサールは建っている。防衛機能は乏しいが、ディズニー映画『白雪姫』のモデルになるほどの華麗な姿でたたずむ。

丘に建つシテ・ド・カルカソンヌは二重の城壁に囲まれた中世最大の城塞。

ルクセンブルクには、ペトリュス川に立つ岩盤に要塞が築かれている。眼下の渓谷にはのどかな農地が広がる。

ディズニー映画『白雪姫』の城のモデルとなったセゴビアのアルカサール。

93

風車、水車

干拓地や丘の上に並ぶ風車の多くは観光用や文化財として保存されて姿を留める。

モンマルトルのムーラン・ルージュは赤い風車という意味のキャバレー。

オランダの干拓地に残る数少ない現役の風車。

ユラン半島のオーフスで粉を挽く水車小屋。

ドン・キホーテが怪物と間違えて突進したクリプターナの丘に並ぶ風車。

コルドバのグアダルキビール川で回る水車。

ロートレックが踊り子を描き続けたパリのキャバレー、ムーラン・ルージュは、モンマルトルの街路に建っている。入口には赤い風車があって、よく目立つ。モンマルトルの丘に一〇基以上の風車が建っていた時代の名残りで、店名の由来ともなった風車だ。

かつては、粉挽きや揚水などの動力源として、風車や水車は欠かせなかった。今では現役の姿は少なく、観光用や文化財として保存されている。オランダの干拓地に並ぶ平地の風車はベルギーやドイツの平野部でも見られる。

マドリードの南に位置するラ・マンチャ地方にも風車は多い。クリプターナでは、旧市街背後の丘に白い風車が並び、さわやかな景観を形成している。怪物を間違えたドン・キホーテが槍を持って突進した物語も残っている。

森の中で地味に働く水車は、山間を走る列車の車窓から時おり見かける。ユラン半島のオーフスには民家園があり、木造民家が保存されている。その敷地の外に水車小屋が建っている。

94

煙突、換気口

民家に立つ太い煙突には何本もの管が埋め込まれ、その数は部屋の数に相当する。

煙突は、民家やビルの屋根に必ず立っている。レンガや石造の煙突は断面が長方形で、太くて幅が広い。太い断面の中には何本もの管が埋め込まれている。現在はスチーム暖房の家が多く、管は換気口の機能を果たしている。この管の数だけその下に部屋がある。

バルセロナでは、アントニ・ガウディ設計の集合住宅カサ・ミラの屋上にそびえる奇妙な換気口がよく目立つ。柔らかい粘土をひねったような形やイスラムの女性のマスクのようなスタイルで、不思議な雰囲気をかもし出す。

ウィーン市内を流れるドナウ運河の橋から北西方向に目をやると、煙をモクモクと吐く煙突がほど近い距離に立っている異様な光景が見える。自然志向の建築家フンデルトワッサーによるごみ焼却場の驚異のシンボルだ。

スイス、ドルナッハの丘陵の上には、ゲーテの自然志向を学ぶゲーテアヌムの施設が並ぶ。各施設に暖房用スチームを送るごみ焼却炉の煙突は、生あるものが天に昇る姿を表現している。

部屋の数だけ煙突の管が並ぶ。ロンドン南部のベクスレイヒースにて。

ゲーテアヌムの暖房焼却炉の煙突。

フンデルトワッサー作ごみ焼却場。

ポルトの川沿いに建つワイン工場。

ガウディ設計カサ・ミラの換気口。

95

寄生建築

いつ誰が建てたのかわからない寄生建築には、さりげないたくましさを見出せる。

頻繁に建て替えをする日本の建築とは裏腹に、ヨーロッパの建築は、歳月の中で流動的に姿を変化させている。ローマ時代からの石造建築は増改築が繰り返され、外装と内部機能との関係に普遍性は少ない。二〇世紀末のポストモダン志向は、こうしたローマ建築の多様性の中にすでに潜んでいた。

このような観点で周囲を眺めると、既存の建物のすき間に寄生してしまった小屋に、さりげないたくましさを見出せる。大方の寄生建築は、いつ誰が建てたのかの記録も残っていない。

フィレンツェのベッキオ橋には、ウフィッツィ宮とピッティ宮とを結ぶ貴族の通路が寄生している。庶民の通行する下の通路では、アーチの下に小屋が寄生し、商人たちが店を出す。

アーヘンに建つ石造の市庁舎には、いつしか木造二階建の酒場が寄生し、市民の集う社交場となっている。アテネには、古い教会の上にビルを建てた例がある。教会が寄生したように見えるが、寄生するのはビルのほうだ。

アーヘンの市庁舎に寄生した酒場。

ベッキオ橋の通路下に商店が並ぶ。

ジェノバのアントニオ・グランシ通りに面した建物のアーチに寄生する商店。

アテネの通りに古くから建つ小さな教会の上に建設された近代的なビル。

96

奇想建築

作家のセンスや造形哲学を知る前に、奇観に圧倒されてしまう建築物がある。

シュバルは石を接着する技術以外に何も知らずにこの建物を完成させた。

ゲーテの自然哲学から生まれたゲーテアヌム。

クエンカの岩に建つ宙づりの家。

ドメニク設計サン・パブロ病院。

集合住宅フンデルトワッサー・ハウス。

南フランスの田舎町オートリーブに『理想の宮殿』という建物がある。郵便配達員シュバルが仕事中石につまずいて以来、配達鞄に石を集め始め、手で丹念に接着して建てた奇妙な家だ。狂者扱いされたが、彼の死後は有料で公開され、ドライブ客が訪れている。

ウィーン市内のドナウ運河北方に、奇怪な煙突が眺められる。自然主義の芸術家フンデルトワッサー設計のごみ焼却場の煙突だ。ほかにも市内には集合住宅など彼独特の奇想建築が建ち、ウィーンに新たな表現を導いている。

スイスでは、バーゼル郊外ドルナッハの丘に内奥深いコロニーがある。霊能の教育者ルドルフ・シュタイナー設計のゲーテアヌムを中心に、宇宙の流動から生じたような建物が散在する。

シュタイナーの叡智を学んだとの説もあるアントニ・ガウディも、スペインのバルセロナで奇才の感性を発揮した。市内には、ガウディと同時代の似て非なるカタルーニャ・モデルニスモの建築家たちが残した作品も多い。

97

洞窟

自然の洞窟や堅い岩盤は内部空間を構成する既製の壁面として古くから活用された。

一時は廃墟同然にもなったサッシと呼ばれる洞窟住居が集まるマテラ。

洞窟を利用したクエンカのレストラン。

グラナダのサクロモンテの丘にはジプシーの住む白壁の洞窟住居が並ぶ。

シラクザの考古学地区に残るネクロポリス。

洞窟都市マテラへは、イタリア南東部のバリから私鉄が出ている。地下駅を出て坂を下ると、サッシと呼ばれる洞窟住居が岩壁と一体になり、珊瑚のように一面に増殖して広がる姿が見えてくる。紀元前からの歴史をもつこの都市には、長らく電気も水道も通わず、現代文明からとり残されていた。住む人もまばらとなって、一時は死の街と化していたが、近年は文化財として保護されて、居住者も戻ってきた。

グラナダのアルハンブラ宮殿の背後にそびえるサクロモンテの丘には、ジプシーたちの住む洞窟住居が並んでいる。街路に面して壁を築き、背後には横穴を掘って奥深い室内空間を構成している。住居の間にフラメンコのタブラオも並ぶ趣豊かな景観が展開する。

シチリア島のシラクザには、ギリシア時代の遺跡が数多く残っている。街の北側斜面に広がる考古学地区には、ディオニソスの耳と呼ばれる奇怪な岩や円形劇場跡などと一緒に、岩を掘った室内空間の跡ネクロポリスが並ぶ。

98

異文化

中国文化の浸透するヨーロッパでは、大ていの街に入りやすい中国料理の店がある。

中国文化はヨーロッパ各地に浸透している。大ていの街には中国料理の店が必ずある。日本の中国料理とは幾分異なるが、値段も手ごろで入りやすい。

　ロンドンのピカデリー東側に位置する歓楽街ソーホー地区は、移民の街でもある。南端のシャフツベリー通り周辺は中華街で、中国人在住者の住居やレストランが多く立ち並ぶ。横浜の中華街ほどの規模はないが、一帯は中国色に彩られ、電話ボックスやごみ箱にも統一したデザインが施されている。

　コペンハーゲンのチボリに入場すると、左手に中国風パントマイム劇場が見える。閉演中は中央の孔雀が羽を開いて幕を閉じ、開演時には羽をたたむ。ほかにも園内には、中国風パゴダも建ち、異文化の雰囲気が演出されている。

　スペインでは、アラブの香りが強い。グラナダのアルハンブラ宮殿は、アラブ人による王国最後の砦で、一五世紀末の陥落まで栄華を誇った。モロッコへの玄関アルヘシラスは、街全体がすでに北アフリカの様相を呈している。

コペンハーゲンのチボリには孔雀が羽をたたんで舞台が始まる中国風の劇場。

ロンドンのソーホーにある中華街入口の門。

中華街では電話も中華風。

アルハンブラ宮殿はイスラム様式。

アルヘシラスのアラベスク風公園。

99

19世紀末

アール・ヌーボーやゼツェッションは世紀末のブームに終わり、表層のみを残した。

パリの地下鉄2号線の終点ポルト・ドフィーヌ駅入口の華麗なゲート。

ウィーン地下鉄1、4号線カールスプラッツ駅。

19世紀末のゼツェッション運動の拠点となったウィーンの装飾美術館。

モザイクで装飾したウィーンのエンゲル薬局。

過去の様式を常に手本とし、貴族趣味の過剰な装飾に偏っていたヨーロッパ建築は、産業革命を機に大きな転換を始めた。それまで一般庶民には無縁だった芸術的感性が生活の周辺に取り込まれ、過去にはこだわらない新しい表現が模索されるようになった。

一九世紀末には、新しい時代を目指すアール・ヌーボーという芸術運動がベルギーやフランスに起こった。日本の浮世絵から影響を受けた曲線が使われ、人々を魅了した。パリ一六区には多くの建物が築かれ、地下鉄駅入口ゲートにもスタイルが採用されている。

ウィーンでは、過去の様式からの分離を意味するゼツェッションという運動が展開された。オットー・ワグナーやその弟子たちが感性豊かな建物を設計し、ウィーン独特の趣を築いた。

しかし、魅惑的な表層のみに人々の関心が集まり、元来の運動自体は浸透しなかった。癖の多い表現は熱しやすいが冷めやすく、世紀末の一時的なブームは、建築物のみを街に残した。

100

ポストモダン

正統性への志向を離れ、複数の文化の混在から生じる価値判断が導く新たな表現。

二〇世紀に入ると、産業革命が生んだ工学技術が新たな建築を導いた。一九世紀末への反動も加わり、芸術的感性は科学合理志向の背後に遠のいた。

こうして、ルネサンス期の科学志向とギリシア様式を正統な古典とする普遍志向から生まれたキリスト教的な独善志向がモダニズムを確立した。日本は、このようなヨーロッパの姿勢を鵜呑みにし、内奥への関心をおざなりにしたまま表層のみを模倣して、本家以上に西洋的な様相を整えてきた。

ポストモダンは、こうした近代ヨーロッパの独善志向への反省から始まる。狭い観点に基づく正統な様式や科学的正統性を離れ、複数の文化様式が混在する中で生じる新たな価値判断が、新たな建築物を生み出している。

増改築を繰り返し、表層と内面との整合を求めないイタリア建築のように、ポストモダン志向はもとより存在していた。ヨーロッパでは、ミレニアムを機に、ポストモダン志向の建物が盛んに建設されている。

ロンドン郊外のグリニッジに出現した大規模なミレニアム・ドーム。

バロック様式の宮殿だったルーブル美術館の中庭にはガラス製のピラミッド。

駅内部を改装したオルセー美術館。

曲線を描くウィーンの宝石店入口。

掲載都市名・地域名・地勢名索引

和文名、欧文名、場所（主要都市からの行程）、本書掲載項、地図掲載ページを収録

【ア行】

アーヘン
Aachen
パリ・ノール駅から列車で約四時間半。またはTGVでブリュッセル乗り換え約三時間。
75,84,87,95
地図 5 A3

アイガー
Eiger
アルプス三大北壁の一峰。岩山の内部にはユングフラウ鉄道のトンネルが掘られている。
31
地図 6 B2

アッシジ
Assisi
ローマ・テルミニ駅からIC列車。フォリーニョで乗り換え約二時間。
11,28,29,36,68
地図 3 B2

アテネ
Athínai
イタリアのバリから船でパトラスまで約一八時間。パトラスからIC列車で約四時間。
34,48,52,57,64,68,86,95
地図 8 C4

アビニョン
Avignon
パリ・リヨン駅からTGVで約三時間半。マルセイユまでTGVで約一時間。
33
地図 1 C4

アベリストウィス
Aberystwyth
ロンドン・ユーストン駅からバーミンガム・ニュー・ストリート駅乗り換え約五時間。
63,71
地図 2 B3

アムステルダム
Amsterdam
パリ・ノール駅から直通のTGVで約五時間。ブリュッセル・ミディ駅からは約三時間。
33,34,85
地図 1 C1

アラッシオ
Alassio
ローマ・テルミニ駅から約七時間。ミラノからIC列車でジェノバ乗り換え約二時間半。
72
地図 3 A2

アランフエス
Aranjuez
マドリード・アトーチャ駅からタルゴ列車またはIC列車で約三〇分。
73
地図 4 B3

アルプス
Alps
フランスのプロバンス地方東端からスイス南部を貫き、ウィーンの森まで連なる山脈。
12,70,71,81
地図 6 B2

アルヘシラス
Algeciras
マドリード・アトーチャ駅から夜行列車で約一〇時間半。モロッコまで船で約一時間半。
76,98
地図 4 A4

アルベロベッロ
Alberobello
ローマ・テルミニ駅からIC列車でバリまで約五時間。バリから私鉄で約一時間半。
26,78
地図 3 C3

アンドラ(・ラ・ベヤ)
Andorra (-la-Vella)
パリ・オーステルリッツ駅からオスピタレットまで列車。バスに乗り換えて約一二時間半。
17,36,56,76
地図 4 A1

アントワープ
Antwerpen
パリ・ノール駅からTGVでアントワープ・ベルヘム駅乗り換え。中央駅まで約三時間。
58
地図 1 C1

イーリー
Ely
ロンドン・キングズ・クロス駅またはリバプール・ストリート駅から列車で約一時間半。
12
地図 2 C3

イオニア海
Ionian sea
地中海の東部。イタリア半島南端とギリシアのペロポネソス半島の間に広がる海域。
34
地図 3 C4・8 A4

イギリス海峡
English channel
イギリス南部とフランス北部ノルマンディー地方との間の海峡。潮の干満の差が激しい。
66
地図 1 A2・2 B4

イドラ
Hydra
アテネから地下鉄でピレウス港へ行き、船で約一時間半。島内は車禁止で、交通はロバ。
42
地図 8 C4

インスブルック
Innsbruck
ウィーン・ウェスト駅からEC列車で約五時間。ミュンヘンからは約二時間。
52,58,61,82
地図 7 B4

インターラーケン
Interlaken
チューリヒから列車でベルン経由約二時間。チューリヒからルツェルン経由約三時間。
70,71,74
地図 6 B2

ウィーン
Wien
パリ・エスト駅から列車で約一三時間半。
1,3,8,16,23,24,26,37,38,40,41,46,52,64,65,67,84,88,90,94,96,99,100
地図 7 C3

ウィンザー
Windsor
ロンドン・ウォータールー駅から直通電車で約五〇分。パディントン駅からも行ける。
57
地図 2 B4

ウェールズ
Wales
イギリス西部の地域。一三世紀以来イギリスの領地。首都は南部のカーディフ。
44,48,66,69,71,84
地図 2 B3

ウンブリア
Umbria
イタリア中部の州。紀元前三世紀にローマに併合された。州都はペルージア。
68
地図 3 B2

エーゲ海
Agean sea
ギリシアとトルコの小アジア半島に囲まれた地中海東部の海域。無数の島が点在する。
28,29,34,42,43,53,66
地図 8 C4

エギナ
Aegina
アテネから地下鉄でピレウス港へ行き、船で約一時間半。水中翼船では約四〇分。
53
地図 8 C4

エディンバラ
Edinburgh
ロンドン・キングズ・クロス駅からIC列車で約四時間半。スコットランドの首都。
1,57
地図 2 B2

エンポーリ
Empoli
フィレンツェから列車で約三〇分。シエナ方面への乗り換え駅。ピンチ行きのバスも発着。
84
地図 3 B2

オートリーブ
Hauterives
パリ・リヨン駅からリヨン経由サン・ランベールまで約三時間。駅前からタクシー利用。
96
地図 1 C3

オーバーアマガウ
Oberammergau
ミュンヘン中央駅から一時間おきに出る列車でムルナウ乗り換え約二時間。
81
地図 5 B4

オーフス
Århus
コペンハーゲンから列車リュントー号で約四時間。一時間おきのIC列車では約四時間半。
93
地図 9 A4

オーベルニュ
Auvergne
田舎という意味をもつフランス中南部の地方。中心都市はクレルモン・フェラン。
29
地図 1 B3

オスティア・アンティカ
Ostia Antica
古代遺跡の町。ローマ地下鉄マグリアーナ駅から近郊電車に乗り換えて約四〇分。
25,38
地図 3 B3

オスロ
Oslo
コペンハーゲンからINN列車で約一二時間。ストックホルムからは約五時間半。
7,74,83,91
地図 9 A3

オルビエト
Orvieto
ローマ・テルミニ駅からIC列車で約一時間。旧市街へは駅前からケーブルカーで登る。
39,47
地図 3 B2

【カ行】

カスティーヤ
Castilla
マドリードの北側一帯、スペイン中央部から北部にかけて広がる高原地域。
92
地図 4 B3

カルカソンヌ
Carcassonne
パリ・オーステルリッツ駅から列車で約七時間半。またはモンパルナス駅から六時間半。
30,47,92
地図 1 B4

カンタベリー
Canterbury
ロンドン・ビクトリア駅からカンタベリー・イースト駅まで電車で約一時間半。
21,51
地図 2 C4

北アイルランド
Northern Ireland
アイルランド島の北東部。イギリス領だが宗教上の紛争が絶えない。首都はベルファスト。
36,75
地図 2 A2

クエンカ
Cuenca
マドリード・アトチャ駅から列車で約二時間半。岩盤の上に旧市街が広がっている。
73,96,97
地図 4 C3

クライネ・シャイデック
Kleine Scheidegg
インターラーケンからラウターブルンネンまたはグリンデルワルト経由で約一時間半。
74
地図 6 B2

グラスゴー
Glasgow
ロンドン・ユーストン駅から列車で約五〜六時間。スコットランドの工業都市。
22,38,61
地図 2 B2

グラナダ
Granada
マドリード・アトチャ駅からタルゴ列車で約六時間。セビリャからは約四時間。
5,28,63,91,97,98
地図 4 B4

グリニッジ
Greenwich
ロンドン・チャリングクロス駅から電車または、ロンドン中心部から地下鉄で約二〇分。
100
地図 2 C4

クリプターナ
Criptana
マドリード・アトチャ駅から列車で約一時間半。風車の並ぶ旧市街へは徒歩約三〇分。
48,54,93
地図 4 B3

グリンツィンク
Grinzing
ウィーン市内ショッテントールから市電約三〇分。またはハイリゲンシュタットからバス。
1
地図 7 C3

グリンデルワルト
Grindelwald
インターラーケン・オスト駅からベルナー・オバーラント鉄道で約三〇分。
74
地図 6 B2

グルノーブル
Grenoble
パリ・リヨン駅から直通のＴＧＶで約三時間。リヨンからは普通列車で約一時間半。
37
地図 1 C3

ケルン
Köln
パリ・ノール駅から列車で約五時間半。またはＴＧＶでブリュッセル乗り換え約四時間。
80
地図 5 A3

ゲント
Gent
パリ・ノール駅からＴＧＶでブリュッセル乗り換え約三時間。旧市街へは駅前から市電で。
19
地図 1 B1

コート・ダ・ジュール
Côte d'Azur
地中海に面したフランス南東部地域。マントンからニースを経てトゥーロンあたりまで。
66,72
地図 1 C4

コペンハーゲン
København
パリ・ノール駅から夜行のＥＣ列車で約一二時間。ハンブルクからは約四時間半。
27,35,44,57,65,72,98
地図 9 A4

コモ
Como
ミラノ中央駅からＩＣ列車で約四〇分。またはミラノ・ノルド駅から私鉄で約一時間。
70
地図 3 A1

コリントス
Kórinthos
アテネ・ペロポネソス駅からＩＣ列車で一時間半以上。駅の手前でコリントス運河を渡る。
20,34,86
地図 8 C4

コルドバ
Córdoba
マドリード・アトチャ駅から新幹線の特急列車ＡＶＥで約一時間四〇分。
49,77,90,93
地図 4 B4

コンスタンツ
Konstanz
チューリヒから列車でワインフェルデン経由約一時間半。フランクフルトから約四時間半。
75
地図 5 B4

【サ行】

ザルツブルク
Salzburg
ウィーンからＥＣ列車で約三時間。ミュンヘンからはＥＣまたはＩＣ列車で約一時間半。
18,21,52,59
地図 7 B4

サン・ジミニャーノ
San Gimignano
フィレンツェからシエナ行きバスまたは列車を利用。途中ポッジボンシでバスを乗り換え。
88
地図 3 B2

サン・セバスティアン
San Sebastián
マドリード・チャマルティン駅からタルゴ列車で約六時間。
49
地図 4 C2

サンチアゴ・デ・コンポステラ
Santiago de Compostela
マドリード・チャマルティン駅からタルゴ列車で約七時間半。
50
地図 4 A2

サン・マリノ
San Marino
ローマから列車でファルコナラ乗り換えリミニ下車。リミニからバスで全行程約六時間。
9,36,68,76
地図 3 B2

シエナ
Siena
フィレンツェから列車で約一時間半。ローマからはキウジ乗り換え約三時間。
6
地図 3 B2

ジェノバ
Genova
ローマからジェノバ・プリンチペ広場駅までＩＣ列車で約五時間。ミラノから約一時間半。
31,95
地図 3 A2

シチリア島
Sicily
イタリア半島南の地中海最大の島。列車輸送フェリー使用の直通列車がローマを結ぶ。
72,97
地図 3 C4

ジブラルタル
Gibraltar
マドリード・アトーチャ駅から夜行列車で約一〇時間半のアルヘシラスからバスを利用。
76
地図 4 A4

シャフハウゼン
Schaffhausen
チューリヒ中央駅から列車で約四〇分。ラインの滝までは駅前からバスを利用。
71,81
地図 6 B1

シャルトル
Chartres
パリ・モンパルナス駅から郊外電車で約一時間。二種類の塔の建つ大聖堂は駅の近く。
50,53,88
地図 1 B2

シャンクリン
Shanklin
ロンドン・ウォータールー駅からポーツマスでフェリーに乗船、島内の鉄道で約二時間。
78
地図 2 B4

シュピーツ
Spiez
チューリヒ中央駅から列車でベルン経由約二時間。ミラノからはEC列車で約三時間半。
70
地図 6 B2

シラクザ
Siracusa
ローマ・テルミニ駅から列車輸送フェリー経由の直通IC列車で約一一時間。
53,72,73,97
地図 3 C4

スコットランド
Scotland
イギリス（ブリテン島）北部地域。一八世紀にイングランドと合併。首都はエディンバラ。
1,61,70
地図 2 C2

ストックホルム
Stockholm
パリ・ノール駅からEC列車でコペンハーゲン乗り換え約一七時間。
15,19,29,30,31,32,70
地図 9 B3

ストラトフォード（・アポン・エイボン）
Stratford (upon Avon)
ロンドン・パディントン駅から電車で約二時間二〇分。シェークスピアの生家がある。
58
地図 2 B3

ストレーサ
Stresa
ミラノ中央駅からEC列車で約一時間。マジョーレ湖上の島へは駅前から船が出ている。
72
地図 3 A1

スランデュドノ
Llandudno
ロンドン・ユーストン駅から列車でスランデュドノ・ジャンクション経由約三時間半。
84
地図 2 B3

セゴビア
Segovia
マドリード・チャマルティン駅またはアトチャ駅から列車で約二時間。
33,92
地図 4 B3

セビリャ
Sevilla
マドリード・アトチャ駅から新幹線の特急列車AVEで約二時間半。
30,67,77
地図 4 A4

セント・ジョージズ海峡
St. George's channel
イギリスのウェールズ南部とアイルランド南東部との間の海峡。
66
地図 2 A3

【タ行】

ダブリン
Dublin
ロンドン・ユーストン駅から列車でホーリーヘッドでフェリーに乗り換え、約六時間。
9
地図 2 A3

ダン・レアレ
Dun Laoghaire
ホーリーヘッドからフェリーで約一時間半。ダブリン・コノリー駅から約二〇分。
44
地図 2 A3

チューリヒ
Zürich
パリ・エスト駅からEC列車で約六時間。ミラノ中央駅からはIC列車で約四時間半。
39
地図 6 B1

チロル
Tyrol
オーストリア西部からイタリア北東部に広がるアルプス山岳地域。中心はインスブルック。
77,83
地図 7 A4

ディンケルスビュール
Dinkelsbühl
フランクフルト中央駅前からフュッセン行きのヨーロッパ・バスで約七時間半。
54
地図 5 B3

テッサロニキ
Thessaloniki
アテネ・ラリサ駅からIC列車または夜行列車で約七時間以上。
28
地図 8 B3

デビルズ・ブリッジ
Devil's Bridge
ロンドン・ユーストン駅からアベリストウィスでSL列車に乗り換え約六時間。
48,71
地図 2 B3

トゥーン
Thun
チューリヒ中央駅から列車でベルン経由約二時間。ミラノからはEC列車で約三時間半。
70
地図 6 B2

ドーバー海峡
Dover channel
イギリスとフランスとの間の海峡。海底にはユーロ・トンネルが掘られ、列車が往来する。
43
地図 1 B1・2 C4

トスカーナ
Toscana
イタリア中部のアペニン山脈西側に位置する州。ルネサンスの中心。州都はフィレンツェ。
68
地図 3 B2

ドルナッハ
Dornach
バーゼルＳＢＢ駅から列車で約一〇分。ゲーテアヌムの丘まで駅前からバスで約一〇分。
94,96
地図 6 B1

トレド
Toledo
マドリード・アトチャ駅から郊外電車で約一時間二〇分。旧市外へは、駅から徒歩で。
28
地図 4 B3

【ナ行】

ナポリ
Napoli
ローマ・テルミニ駅からナポリ中央駅までＩＣ列車で約二時間。
18,31,44
地図 3 B3

ニース
Nice
パリ・リヨン駅からＴＧＶで約六時間半。マルセイユからＴＧＶで約二時間半。
18
地図 1 C4

【ハ行】

バース
Bath
ロンドン・パディントン駅からＩＣ列車で約一時間半。ローマ時代の温泉跡は市街の中心。
28
地図 2 B4

バーゼル
Basel
チューリヒ中央駅からＩＣ列車で約一時間。パリ・エスト駅からは約五時間。
96
地図 6 B1

バーデン
Baden
ウィーンのオペラ座近くの停留所から路面電車で中心部のヨーゼフ広場まで約一時間。
37,40,65
地図 7 C4

ハーメルン
Hameln
フランクフルトから特急ＩＣＥでハノーバー乗り換え約三時間。
30,48,83
地図 5 B2

バールレ・ナッソー
Baarle-Nassau
アムステルダム中央駅からロッテルダム経由ブレダまで列車。ブレダからバス。約三時間。
26,75
地図 1 C1

ハイデルベルク
Heidelberg
フランクフルト中央駅からＩＲ列車で約一時間。ミュンヘン中央駅からは約三時間。
21,60,68
地図 5 B3

ハイリゲンシュタット
Heiligenstadt
ウィーンの北部。地下鉄四号線の終点。国鉄ウィーン・フランツ・ヨゼフ駅から一駅。
4
地図 7 C3

バチカン
Vaticano
ローマ市内のテベレ川西部に位置する世界最小の独立国。地下鉄オッタビアーノ駅の南。
29,51,57,75,76,87
地図 3 B3

バリ
Bari
ローマ・テルミニ駅からＥＴＲまたはＩＣ列車で約五時間半。
97
地図 3 C3

パリ
Paris
2,4,5,6,7,8,12,14,18,20,22,24,25,27,32,34,41,43,45,52,58,59,60,62,63,64,65,67,69,72,77,78,79,80,86,88,91,93,99
地図 1 B2

バルセロナ
Barcelona
マドリード・チャマルティン駅からＩＣ列車で約七時間。パリから夜行列車で約一一時間。
5,7,17,29,37,50,61,62,84,94,96
地図 4 A1

バルト海
Baltic sea
北はスカンジナビア半島、南はドイツやポーランド、西はデンマークに囲まれた海域。
70
地図 9 B3

バレンシア
Valencia
マドリード・アトチャ駅からＩＣ列車で約四時間。バルセロナからも約四時間。
73
地図 4 C3

ピサ
Pisa
ローマ・テルミニ駅からＩＣ列車で約三時間。フィレンツェからは約一時間。
84,88
地図 3 A2

ピレウス
Piraeus
アテネの中心部から地下鉄で約二〇分。駅前の港からエーゲ海巡りの船が出ている。
44
地図 8 C4

ピレネー
Pyrénées
フランス南部とスペイン北部の国境地域。ビスケー湾から地中海に連なる山脈。
17,39,76
地図 1 A4・4 C3

ビンチ
Vinci
フィレンツェから列車でエンポーリ下車。駅前からバスに乗り換え。約二時間。
84
地図 3 A2

ファルコナラ
Falconara
ローマ・テルミニ駅からIC列車で約三時間半。ミラノ中央駅からはIR列車で約五時間。
41
地図 3 B2

フィレンツェ
Firenze
ローマ・テルミニ駅からECまたはIC列車で約二時間半。ミラノ中央駅からは約三時間。
29,33,67,81,84,87,88,95
地図 3 B2

プーリア
Puglia
イタリア半島東端の地域。主要都市はアルベロベッロ、マテラ、バリ、ブリンディジなど。
78
地図 3 C3

ブダペスト
Budapest
パリ・エスト駅からオリエント急行で約一八時間半。ウィーンからはEC列車で約三時間。
67
地図 8 A1

フランクフルト
Frankfurt
パリ・エスト駅からEC列車で約六時間。ミュンヘンからはICE列車で約三時間半。
41
地図 5 B3

ブリエンツ
Brienz
チューリヒ中央駅からベルンとインターラーケン経由またはルツェルン経由約二時間半。
70,73
地図 6 B2

ブリュッセル
Brussels
パリ・ノール駅からTGVで約二時間。ロンドン・ウォータールー駅からは約三時間半。
32,42,45,79,81
地図 1 C1

ブルージュ
Brugge
パリ・ノール駅からTGVでブリュッセル乗り換え約三時間。ブリュッセルから約一時間。
5,34,35,59,63,77
地図 1 B1

ブレーメン
Bremen
フランクフルト中央駅からIC列車で約五時間半。ハンブルク・アルトナ駅から約一時間。
27,37,45
地図 5 B2

ベオグラード
Beograd
ウィーン・ウェスト駅から列車で約一〇時間半。テッサロニキからIC列車で約一三時間。
67
地図 8 B2

ベクスレイヒース
Bexleyheath
ロンドン・チャリング・クロス駅から約三〇分。モリスのレッド・ハウスは駅の近く。
94
地図 2 C4

ベネチア
Venezia
ローマ・テルミニ駅から列車で約五時間。
6,13,18,30,33,34,40,43,48,52,54,58,59,60,61,66,82,88
地図 3 B1

ヘメエンリンナ
Hämeenlinna
ヘルシンキ中央駅から列車で約一時間半。リゾート地のアウランコまでは駅前からバス。
70
地図 9 C3

ペルージア
Perugia
ローマ・テルミニ駅から国鉄列車でテルニ乗り換え、テルニから私鉄で約四時間。
16,68
地図 3 B2

ベルゲン
Bergen
オスロ中央駅から列車で約七時間。駅前から朝市の立つ港までは徒歩またはバス利用。
19,26,44,66,74
地図 9 A3

ベルサイユ
Versailles
パリ・サン・ラザール駅またはモンパルナス駅または高速地下鉄の各駅から約三〇分。
89,90
地図 1 B2

ヘルシンキ
Helsinki
ストックホルムからフェリーで約一五時間。トゥルクで列車に乗り換えると約一三時間。
19
地図 9 C3

ベルファスト
Belfast
ダブリンから列車で約二時間半。グラスゴーからストランラーでフェリー利用約五時間。
36,88
地図 2 B2

ベルン
Bern
パリ・リヨン駅からTGVで約四時間半。チューリヒ中央駅からは列車で約一時間半。
32
地図 6 A1

ベローナ
Verona
ローマ・テルミニ駅からEC列車で約四時間。ミラノ中央駅からは約一時間半。
48
地図 3 B1

ペロポネソス半島
Peloponnesos
コリント地峡で本土とつながり、地中海へ突き出したギリシア南部の半島。
34
地図 8 B4

ポー
Pau
パリ・モンパルナス駅からTGVで約五時間。市街へは駅前からケーブルカーが連絡。
39
地図 1 A4

ホーエンシュバンガウ
Hohenschwangau
ミュンヘンから列車でアウグスブルク経由、フュッセンからはバスで約三時間。
42
地図 5 B4

ホーリーヘッド
Holyhead
ロンドン・ユーストン駅から列車で約四時間。アイルランドへはフェリーで約三時間半。
44
地図 2 B3

ポルト
Porto
リスボンからポルト・カンパーニャ駅乗り換えポルト・サン・ベント駅まで約三時間半。
13,33,43,67,81,94
地図 4 A2

ポントルソン
Pontorson
パリ・モンパルナス駅からフォリーニュ経由約四時間。レンヌとドル経由約三時間半。
51
地図 1 A2

ポンペイ
Pompei
ローマ・テルミニ駅からＩＲ列車でナポリ中央駅乗り換え約二時間半。遺跡は駅の近く。
27,46
地図 3 B3

【マ行】

マーストリヒト
Maastricht
アムステルダム中央駅から列車で二時間半。パリからはリエージュ乗り換え約四時間。
85
地図 1 C2

マイヤーホーフェン
Mayrhofen
ウィーン・ウェスト駅からＥＣ列車、イェンバッハ駅でＳＬ鉄道に乗り換え約六時間。
77
地図 7 B4

マインツ
Mainz
フランクフルト中央駅から列車で約三〇分。ライン川観光船でケルンまで約一〇時間半。
73
地図 5 A3

マテラ
Matera
ローマ・テルミニ駅からＩＣ列車でバリまで約五時間。バリから私鉄で約一時間半。
97
地図 3 C3

マドリード
Madrid
パリ・モンパルナス駅からＴＧＶでイルン駅乗り換え約一二時間。直通列車は約一三時間。
3,6,38,55,56,93
地図 4 B3

マハンスレス
Machynlleth
ロンドン・ユーストン駅からバーミンガム・ニュー・ストリート駅乗り換え約四時間半。
66
地図 2 B3

マルセイユ
Marseille
パリ・リヨン駅からノン・ストップの直通ＴＧＶで約四時間。港までは徒歩またはバス。
18
地図 1 C4

マントン
Menton
パリ・リヨン駅から直通ＴＧＶで約七時間。ローマ・テルミニ駅から列車で約八時間。
54
地図 1 C4

ミュンヘン
München
パリ・エスト駅からＥＣ列車で約八時間半。フランクフルト中央駅からは約三時間半。
15,23,32,40,46,56,59,64,88
地図 5 B4

ミラノ
Milano
ローマ・テルミニ駅からＩＣ列車で約五時間。チューリヒ中央駅からは約四時間半。
2,38,79,82,84
地図 3 A1

メデムブリック
Medemblik
アムステルダム中央駅から列車、ホールン駅でＳＬ鉄道に乗り換え約二時間。
78
地図 1 C1

モナコ(・モンテ・カルロ)
Monaco (-Monte Carlo)
パリ・リヨン駅から直通ＴＧＶで約七時間。ローマ・テルミニ駅から列車で約八時間。
5,8,9,25,31,65,76,92
地図 1 C4

モン・サン・ミシェル
Mont St-Michel
パリ・モンパルナス駅からフォリーニュ経由ポントルソン駅。駅前からバス。約五時間。
50,51
地図 1 A2

モンセラート
Monserrat
バルセロナのエスパーニャ広場地下から公営鉄道で二時間。駅前からロープウェイ。
50
地図 4 A1

モントルー
Montreux
チューリヒ中央駅から列車でローザンヌ経由約一時間半。シヨン城へはバスまたは列車。
36,48,60
地図 6 A2

【ヤ行】

ユラン半島
Jullland
北海とバルト海との間に突き出たデンマークの大陸部分の半島。主要都市はオーフス。
72,93
地図 9 A4

ユングフラウヨッホ
Jungfraujoch
インターラーケンから登山鉄道を乗り継いで約二時間半。岩山内の駅から氷河に出られる。
31,71,74
地図 6 B2

ヨークシャー
Yorkshire
イングランド北東部、ペニン山脈東山麓の地域。主要都市はリーズとシェフィールド。
69
地図 2 B3

【ラ行】

ラウターブルンネン
Lauterbrunnen
インターラーケン・オスト駅からベルナー・オバーラント鉄道で約二〇分。
71,74
地図 6 B2

ラバン
Levant
パリからTGVでトゥーロン下車。バスでラバンドゥまで行き、船を利用。所要約8時間。
66,72
地図 1 C4

ラ・マンチャ
La Mancha
スペインの中南部地方。白壁の家並や風車が点在する乾燥した平原地帯。
73,93
地図 4 B3

リスボン
Lisboa
パリからTGV、イルンで夜行列車に乗り換え約二〇時間。マドリードからは約一〇時間。
13,15,24,28,30,36,37,39,40,45,60
地図 4 A3

リド
Lido
ローマ地下鉄マグリアーナ駅から電車で約一時間。リドという地名はベネチアにもある。
38
地図 3 B3

リバプール
Liverpool
ロンドン・ユーストン駅から列車でリバプール・ライム・ストリート駅まで約三時間。
3,85
地図 2 B3

リビエラ
Riviera
イタリア北西部の海岸地方。ジェノバ以西の優美な地形と以東の雄々しい地形が対照的。
25,66,72
地図 3 A2

リヒテンシュタイン（ファドゥーツ）
Liechtenstein (Vaduz)
チューリヒ中央駅からIC列車でブッフス下車、バスに乗り換え約三時間。
67,76
地図 6 C1

ルーアン
Rouen
パリ・サン・ラザール駅からルーアン・リブ・ドロワト駅まで列車で約一時間。
83
地図 1 B2

ルクセンブルク
Luxembourg
パリ・エスト駅からEC列車で約四時間。ブリュッセルからは列車で約三時間半。
36,92
地図 1 C2

ルツェルン
Luzern
チューリヒ中央駅から一時間おきの列車で約五〇分。ベルンからは約一時間一五分。
23,33
地図 6 B1

ル・ピュイ
Le Puy
パリ・リヨン駅からTGV、サン・テティエンヌで列車に乗り換え約四時間半。
29,42,47,49,50,51,68,87
地図 1 B3

ルルド
Lourdes
パリ・モンパルナス駅からTGVで約五時間半。マリアの泉の湧く礼拝堂は駅から右方向。
47,49,50,51,63
地図 1 A4

レイコック
Lacock
ロンドン・パディントン駅から列車でチッペナム駅下車。駅前からタクシーで約三時間。
1
地図 2 B4

ローザンヌ
Lausanne
チューリヒ中央駅からIC列車で約三時間半。ベルンからは約一時間半。
46
地図 6 A2

ローゼンダール
Roosendaal
アムステルダム中央駅から列車で約一時間四〇分の国境駅。ブリュッセルからは約四五分。
85
地図 1 C1

ローテンブルク
Rothenburg
ミュンヘン中央駅から列車でシュタイナッハ乗り換え約三時間半。またはバスで約六時間。
1,60,78
地図 5 B3

ロートホルン（・クルム）
Rothorn (Kulm)
チューリヒ中央駅から列車でインターラーケンおよびブリエンツ乗り換え約四時間半。
73
地図 6 B1

ローマ
Roma
ミラノ中央駅からIC列車で約五時間。
6,7,8,17,18,21,22,23,24,25,38,41,45,50,51,55,56,58,62,72,75,76,80,82,87,89,91
地図 3 B3

ローレライ
Loreley
フランクフルト中央駅から列車でザンクト・ゴアールハウゼン下車。所要約二時間。
73
地図 5 A3

ロンドン
London
2,3,7,8,10,12,15,16,17,19,35,36,38,41,43,44,45,46,48,56,57,58,60,62,65,67,69,79,82,85,88,94,98,100
地図 2 C4

【ワ行】

ワイト島
Isle of Wight
イギリス南部の島。ロンドン・ウォータールー駅からポーツマス下車。フェリーに乗船。
78
地図 2 B4

1 フランス／ベネルクス／モナコ

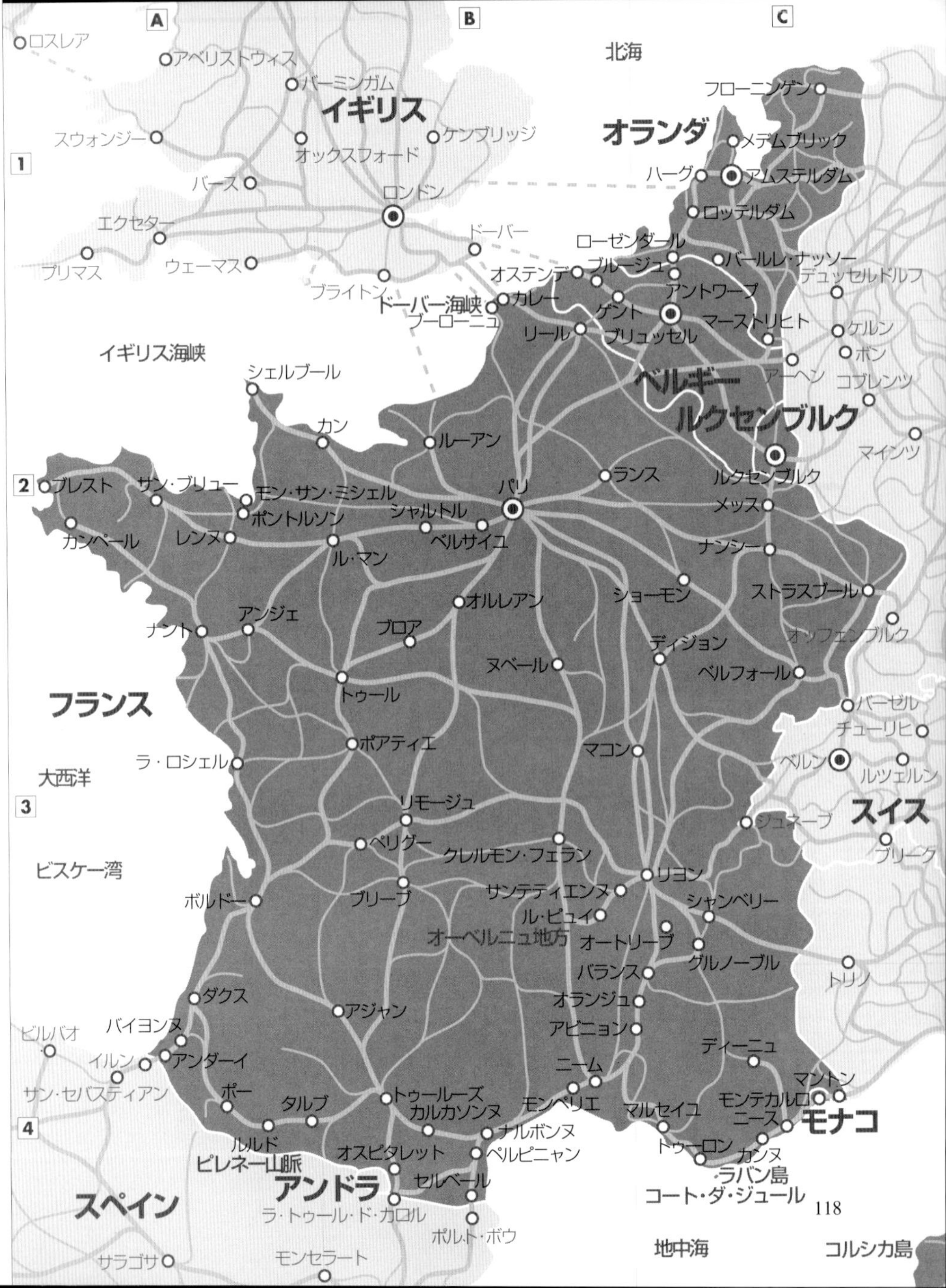

2 イギリス／アイルランド

A
B
C
1
2
3
4
ウィック
ヘブリディーズ諸島
インバネス
フォート・ウィリアム
アバディーン
パース
スコットランド
グラスゴー
エディンバラ
ロンドンデリー
スライゴ
北アイルランド
ラーン
ストランラー
ベルファスト
カーライル
ニューカスル
ダーリントン
北海
アイルランド
マン島
スカーバラ
ヨーク
ハル
ダブリン
アイリッシュ海
リーズ
ダン・レアレ
グリムズビー
アングルシー島
リバプール
ヨークシャー地方
ホーリーヘッド
マンチェスター
シェフィールド
スランデュドノ
クルー
ポースマドッグ
イギリス
ダービー
イングランド
ウェールズ
コーク
ロスレア
マハンスレス
アベリストウィス
シュルーズベリー
セント・ジョージズ海峡
デビルズ・ブリッジ
バーミンガム
レスター
キングズ・リン
ピーターバラ
フィッシュガード
ストラトフォード・アポン・エイボン
ラグビー
イーリー
ノリッジ
ケンブリッジ
スウォンジー
オックスフォード
カーディフ
ハリッジ
バース
レイコック
ロンドン
ウィンザー
グリニッジ
ソールズベリー
ベクスレイヒース
プリマス
ペンザンス
エクセター
ポーツマス
カンタベリー
ラムズギット
ドーバー
ウェーマス
ブライトン
オステンデ
ワイト島
フォークストン
コーンウォール半島
ニューヘブン
シャンクリン
ドーバー海峡
カレー
ブーローニュ
イギリス海峡
フランス
リール

3 イタリア／バチカン／サン・マリノ

A
B
C
1
2
3
4
コンスタンツ
バーゼル
チューリヒ
ベルン
ルツェルン
スイス
リヒテンシュタイン
アッペンゼー
インスブルック
イエンバッハ
マイヤーホーフェン
ザルツブルク
オーストリア
グラーツ
クラーゲンフルト
バーデン
ブダペスト
ハンガリー
サン・モリッツ
ブリーク
ストレーサ
ルガノ
コモ
ボルツァーノ
スロベニア
リュブリャナ
ザグレブ
トリエステ
クロアチア
リエカ
トリノ
ミラノ
パドバ
ベネチア
ベローナ
ボスニア
ヘルツェゴビナ
サラエボ
ジェノバ
ボローニャ
アラッシオ
リビエラ地方
マントン
ベンティミリア
モナコ
ビンチ
トスカーナ地方
リミニ
サン・マリノ
エンポーリ
ピサ
フィレンツェ
サン・ジミニャーノ
シエナ
ペルージア
ファルコナラ
アンコナ
アッシジ
ウンブリア地方
オルビエト
スプリト
モンテネグロ
アドリア海
ペスカラ
チビタベッキア
コルシカ島
ローマ
バチカン
オスティア・アンティカ
リド
カッシノ
フォッジア
バリ
プーリア地方
サッサリ
オルビア
イタリア
ナポリ
ポンペイ
アルベロベッロ
マテラ
ブリンディジ
ソレント
ターラント
レッチェ
サルデーニャ島
カリアリ
地中海
メッシナ
ビラ・サン・ジョバンニ
パレルモ
レッジョ
チュニジア
アグリジェント
イオニア海
シラクザ
シチリア島
チュニス
マルタ

4 スペイン／ポルトガル／アンドラ

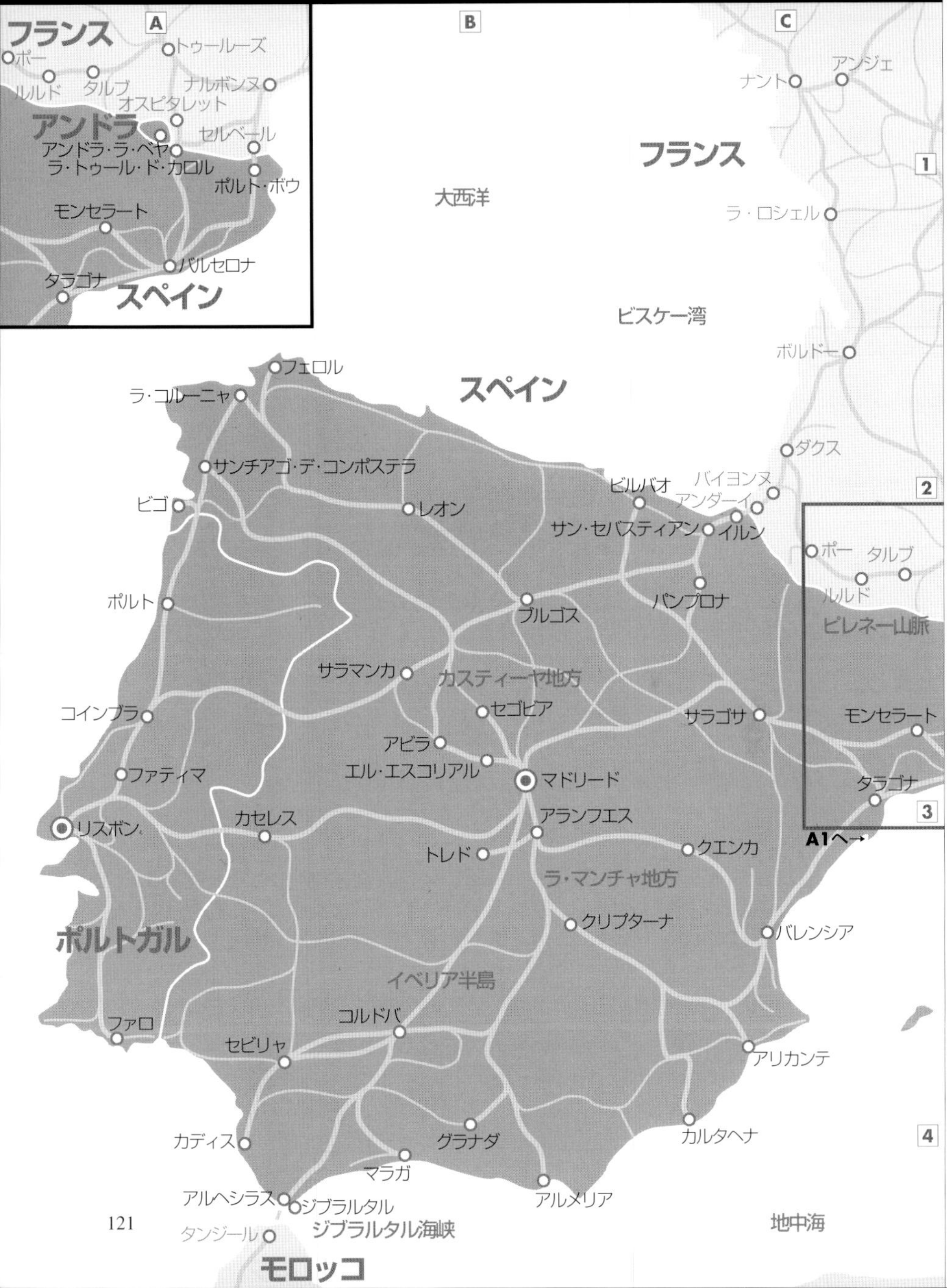
A
フランス
トゥールーズ
ポー
ルルド
タルブ
ナルボンヌ
オスピタレット
アンドラ
セルベール
アンドラ・ラ・ベヤ
ラ・トゥール・ド・カロル
ポルト・ボウ
モンセラート
バルセロナ
タラゴナ
スペイン
B
C
ナント
アンジェ
フランス
1
大西洋
ラ・ロシェル
ビスケー湾
ボルドー
フェロル
スペイン
ラ・コルーニャ
ダクス
サンチアゴ・デ・コンポステラ
バイヨンヌ
ビルバオ
アンダーイ
2
ビゴ
レオン
サン・セバスティアン
イルン
ポー
タルブ
ルルド
パンプロナ
ポルト
ブルゴス
ピレネー山脈
サラマンカ
カスティーヤ地方
セゴビア
コインブラ
サラゴサ
モンセラート
アビラ
エル・エスコリアル
ファティマ
マドリード
タラゴナ
カセレス
アランフエス
3
リスボン
A1へ→
トレド
クエンカ
ラ・マンチャ地方
クリプターナ
ポルトガル
バレンシア
イベリア半島
ファロ
コルドバ
セビリャ
アリカンテ
カディス
グラナダ
カルタヘナ
4
マラガ
アルヘシラス
アルメリア
ジブラルタル
タンジール
ジブラルタル海峡
地中海
モロッコ

5 ドイツ

A
B
C
1
2
3
4
北海
デンマーク
オーゼンセ
ニュボー
コアセー
レズビュ
プットガルデン
ザスニッツ
ロストク
リューベック
ハンブルク
フローニンゲン
ブレーメン
シュチェチン
ポーランド
オスナブリュック
ハノーファー
ポツダム
ベルリン
オランダ
マクデブルク
ハーメルン
ゲッティンゲン
コットブス
エッセン
ライプチヒ
デュッセルドルフ
カッセル
マーストリヒト
ケルン
ワイマール
ドレスデン
ボン
アーヘン
コブレンツ
ローレライ
ドイツ
ルクセンブルク
フランクフルト
マインツ
プラハ
ルクセンブルク
プルゼニ
ビュルツブルク
チェコ
ローテンブルク
メッス
ニュルンベルク
マンハイム
ハイデルベルク
ディンケルスビュール
ナンシー
パッサウ
シュトゥットガルト
ストラスブール
ケール
フランス
ウルム
オッフェンブルク
アウクスブルク
ミュンヘン
リンツ
ベルフォール
コンスタンツ
フュッセン
オーバーアマガウ
ザルツブルク
バーゼル
アッヘンセー
チューリヒ
ホーエンシュバンガウ
イェンバッハ
スイス
インスブルック
オーストリア
ベルン
ルツェルン
リヒテンシュタイン
マイヤーホーフェン

6 スイス／リヒテンシュタイン

- A: ベルフォール、ミュルーズ、フランス、ブザンソン、バーゼル、ドルナッハ、オルテン、ヌシャテル、ヌシャテル湖、ベルン、ロートホルン・クルム、トゥーン、ブリエンツ、インターラーケン、シュピーツ、ラウターブルンネン、ローザンヌ、シャンビー、レマン湖、モントルー、ジュネーブ、ツバイジンメン、カンデルシュティーク
- B: ドイツ、シャフハウゼン、ボーデン湖、ザンクト・ガレン、チューリヒ、ルツェルン、マイリンゲン、グリンデルワルト、クライネ・シャイテック、アイガー、ユングフラウヨッホ、ユングフラウ、アルプス山脈、ブリーク、カメド、レ、イゼッレ、ツェルマット、ドモドッソラ、シャモニ、マッターホルン、マジョーレ湖
- C: コンスタンツ、リンダウ、オーストリア、フェルトキルヒ、ブッフス、シャーン・ファドゥーツ、リヒテンシュタイン、アート・ゴルダウ、クール、ライヒェナウ、ダボス、サン・モリッツ、ベリンツォナ、ロカルノ、ルガノ、イタリア、ティラノ、コモ

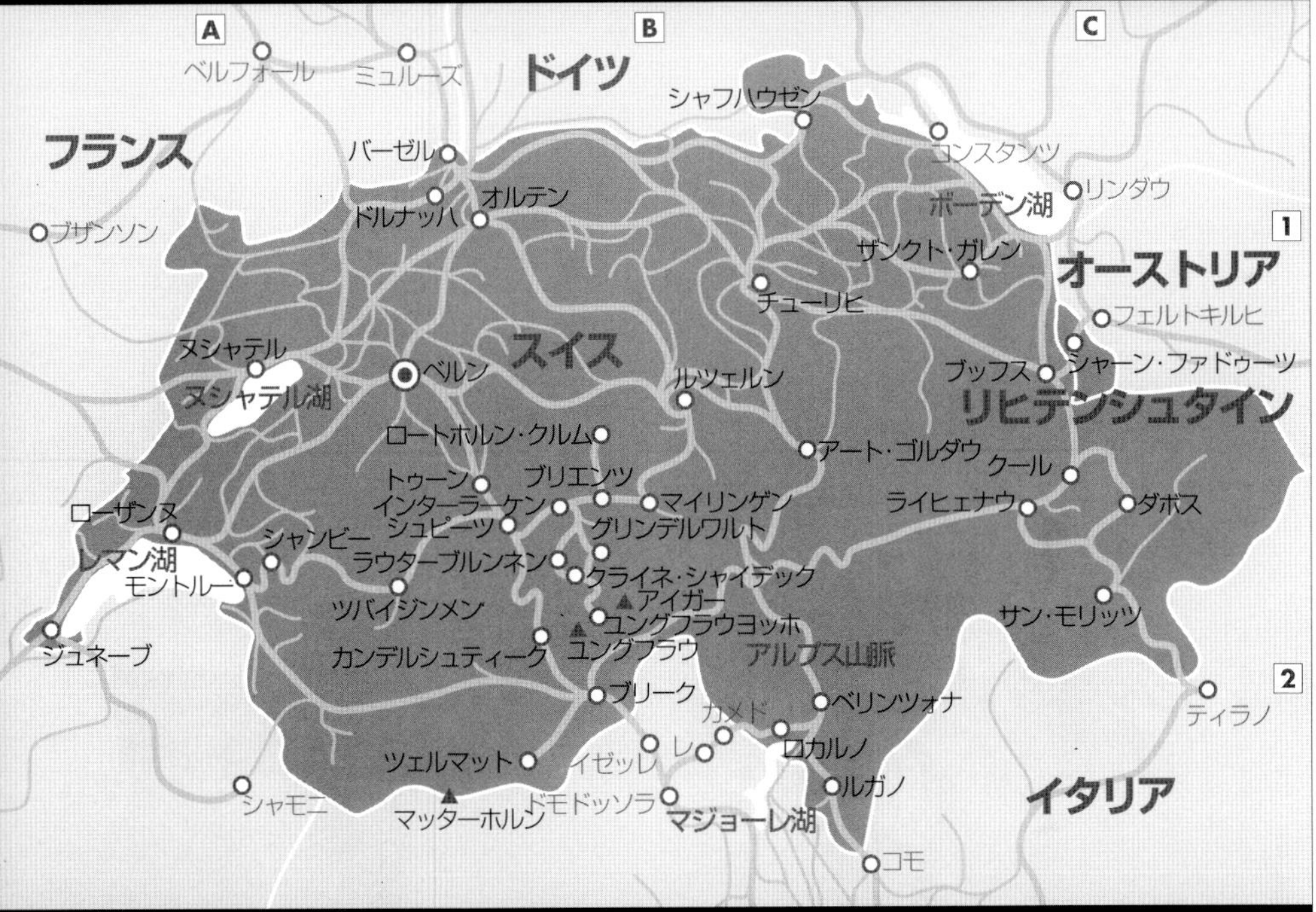

7 オーストリア

- A: ハイデルベルク、ドイツ、シュトゥットガルト、ウルム、アウクスブルク、ミュンヘン、コンスタンツ、チューリヒ、リヒテンシュタイン、スイス、インスブルック、チロル地方、マイヤーホーフェン、ボルツァーノ、イタリア
- B: チェコ、パッサウ、ブルノ、リンツ、ザルツブルク、アッヘンゼー、イェンバッハ、クラーゲンフルト、スロベニア、リュブリャナ
- C: スロバキア、ブラティスラバ、グリンツィンク、ハイリゲンシュタット、ウィーン、バーデン、シジェール、オーストリア、グラーツ、ハンガリー、クロアチア

8 ギリシア ／東欧

A
B
C
1
2
3
4
スロバキア
オーストリア
モルドバ
ハンガリー
ルーマニア
クロアチア
ボスニア
ヘルツェゴビナ
セルビア
モンテネグロ
ブルガリア
トルコ
アルバニア
マケドニア
ギリシア
イタリア
アドリア海
イオニア海
エーゲ海
ブラティスラバ
ウィーン
バーデン
シジェール
ブダペスト
セーケシュフェヘールバール
コシツェ
デブレツェン
オラデヤ
チェルノフツイ
ヤシ
バカウ
シビウ
ブラショブ
アラド
ティミショアラ
ブロイエシュティ
ザグレブ
ノビ・サド
ブカレスト
クラヨバ
ドボイ
ベオグラード
サラエボ
スプリト
プレベン
ニーシュ
ソフィア
プロブディフ
ポドゴリツァ
スコピエ
ティラナ
アレクサンドルーポリス
テッサロニキ
ラリッサ
フォッジア
バリ
アルベロベッロ
マテラ
ブリンディジ
ターラント
レッチェ
パトラス
アテネ
ピレウス
コリントス
エギナ島
オリンピア
イドラ島
ペロポネソス半島
ビラ・サン・ジョバンニ
レッジョ

9 北欧（デンマーク／ノルウェー スウェーデン／フィンランド）

A
B
C
1
2
3
4
ムルマンスク
ナルビク
キルナ
ノルウェー海
ボーデ
ボーデン
ケミ
オウル
スカンジナビア半島
カヤーニ
ウメーオ
ヨエンスー
トロンヘイム
バーサ
フィンランド
エステルスンド
ノルウェー
スウェーデン
ボスニア湾
フロム
タンペレ
ヘメエンリンナ
ミュルダール
トゥルク
サンクト・ペテルブルク
ベルゲン
オスロ
ウプサラ
ヘルシンキ
フィンランド湾
タリン
スタバンゲル
エーレブルー
ストックホルム
エストニア
ロシア
クリスティャンサン
バルト海
イェーテボリ
ゴトランド島
フレゼリクスハウン
リガ
デンマーク
ラトビア
エーランド島
ユラン半島
オーフス
ヘルシングボリ
ダウガフピルス
ヘルシンガー
エスビアウ
コペンハーゲン
マルメー
リトアニア
オーゼンセ
コアセー
ロシア
ニュボー
シェラン島
ビリニュス
レズビュ
ケーニヒスベルク
ミンスク
プットガルデン
ザスニッツ
グダンスク
リューベック
ロストク
シャウリャイ
ベラルーシ
ハンブルク
シュチェチン
ビドゴシュチ
ビャウイストク
バラノビチ
ドイツ
ポーランド
ベルリン
ワルシャワ
ブレスト
ハノーファー
ポズナン

あとがき

一九七八年、私は初めてヨーロッパを訪れた。

そこで目にしたものは、明治維新以来、日本が追随しようとしたはずの手本とは大きくかけ離れた場面の連続だった。日本の生活に慣れた者からすれば、およそ合理的ではないことや、不便なことばかりなのだ。

鉄道駅のホームは概して低く、歩道程度の高さしかない。列車に乗り込むには、ひと苦労する。荷物をデッキに上げてから、ドア口のポールにつかまって、急なステップをよじ登る。女性や老人は、ひとりではとても無理ではないか。

だが、心配は無用だった。たまたまホームに居合わせた人やデッキにいる人から手が差し伸べられる。そこには、人々が互いに手助けをし合いながら生きる光景があった。

誰の力も借りずにことを済ませる偏った合理化は、人の心を冷却する。一方、互いの手助けが必要な場が日常にあると、見知らぬ人にも、ためらいなく手を差し伸べることができる。鉄道の例に限らず、この違いから生じる温もりの場面がヨーロッパには随所にある。そして、それを保つ気質が、これまでのヨーロッパの景観を形成してきたように思える。


それから、遊学や仕事で何度もヨーロッパを訪れた。時間の許す限り、多くの都市や村を訪れ、多くの場面にレンズを向けた。三〇年ほど経過して気付いたら、アイスランド以外の、小国を含む旧西欧諸国をすべて巡っていた。

本書の写真は、すべてこの三〇年ほどの間に、気付いてみたら集まっていた三五ミリのリバーサル・フィルムから抜粋したものである。五つの章と一〇〇の項目をあらかじめ区分して取材したわけではない。したがって、情報の偏りや強引な分類もあるかも知れない。不鮮明な写真も一部使っている。こうした経緯を理解いただき、ご容赦願いたい。

巻末に地名などの索引と地図を添えてある。ヨーロッパの景観を直接確認する上での助力となれば有難い。特に、一歩踏み込んだ観光を目指す学生旅行者や、デザインや建築や都市計画に携わる方々に参考となれば幸いである。

井上書院の関谷勉社長および編集部の方々には、企画に賛同いただき、多くの助言を賜わった。御礼申し上げる。

二〇〇七年　初夏

高橋揚一

著者略歴

高橋　揚一（たかはしよういち）
一九五二年　横須賀に生まれる
一九七〇年　神奈川県立横須賀高等学校卒業
一九七四年　武蔵野美術大学造形学部建築学科卒業
一九七六年　武蔵野美術大学大学院修士課程修了

紀行作家
ストラーダスタジオ代表
女子美術大学講師（記号論担当）
日本記号学会評議員

著書
『ヨーロッパの鉄道』学陽書房、一九九八
『記号学大事典』共著、柏書房、二〇〇二
『デザインと記号の魔力』勁草書房、二〇〇四

景観アイテム図鑑　ヨーロッパ編

二〇〇七年六月三〇日　第一版第一刷発行

著　者　高橋揚一©
発行者　関谷　勉
発行所　株式会社　井上書院
東京都文京区湯島二-十七-十五　斎藤ビル
電話　〇三-五六八九-五四八一
ＦＡＸ　〇三-五六八九-五四八三
振替東京　一-一〇〇五三五
http://www.inoueshoin.co.jp/
装　幀　ストラーダスタジオ
印刷所　美研プリンティング株式会社

ISBN 978-4-7530-1433-0　C3052　Printed in Japan